固体废物危险特性鉴别及案例分析

姚 琪 沈莉萍 江明月◎著

河海大学出版社
HOHAI UNIVERSITY PRESS
·南京·

图书在版编目（ＣＩＰ）数据

固体废物危险特性鉴别及案例分析 / 姚琪，沈莉萍，
江明月著. -- 南京：河海大学出版社，2022.11(2024.8重印)
　ISBN 978-7-5630-7757-1

　Ⅰ．①固… Ⅱ．①姚… ②沈… ③江… Ⅲ．①固体废
物—危险废弃物—废物管理—研究—中国 Ⅳ．①X705

　中国版本图书馆 CIP 数据核字（2022）第 189762 号

书　　　名	固体废物危险特性鉴别及案例分析	
	GUTI FEIWU WEIXIAN TEXING JIANBIE JI ANLI FENXI	
书　　　号	ISBN 978-7-5630-7757-1	
责任编辑	吴　淼	
特约校对	丁　甲	
封面设计	张育智　刘　冶	
出版发行	河海大学出版社	
地　　　址	南京市西康路 1 号（邮编：210098）	
电　　　话	(025)83737852(总编室)　(025)83722833(营销部)　(025)83786652(编辑室)	
经　　　销	江苏省新华发行集团有限公司	
排　　　版	南京布克文化发展有限公司	
印　　　刷	广东虎彩云印刷有限公司	
开　　　本	710 毫米×1000 毫米　1/16	
印　　　张	9.75	
字　　　数	180 千字	
版　　　次	2022 年 11 月第 1 版	
印　　　次	2024 年 8 月第 3 次印刷	
定　　　价	58.00 元	

目录
CONTENTS

第一章
固体废物的管理现状

《中华人民共和国固体废物污染环境防治法》（以下简称《固废法》）对固体废物进行了详细定义（见下文），而危险废物因其具有腐蚀性、毒性、易燃性、反应性以及感染性，是固体废物管理的重点。本章介绍了固体废物的主要定义及分类情况，较为全面地阐述了危险废物的主要来源、特性、分类情况，梳理了我国危险废物管理制度现状和规范化的管理体系。

1.1 固体废物概述

1.1.1 固体废物的定义

中国：根据《固废法》（于1995年10月30日通过，2020年4月29日修订）第九章附则第一百二十四条，固体废物是指在生产、生活和其他活动中产生的丧失原有利用价值或者虽未丧失利用价值但被抛弃或者放弃的固态、半固态和置于容器中的气态的物品、物质以及法律、行政法规规定纳入固体废物管理的物品、物质。经无害化加工处理，并且符合强制性国家产品质量标准，不会危害公众健康和生态安全，或者根据固体废物鉴别标准和鉴别程序认定为不属于固体废物的除外。

美国：《资源保护和再生法》（*Resource Conservation and Recovery Act*）（以下简称 RCRA）与《资源保护和再生法条例》（*Resource Conservation and*

注：本书各项数据均未包括香港特别行政区、澳门特别行政区和台湾地区。

Recovery Act Regulations）共同构成了美国固体废物的管理体系，奠定了美国固体废物分类的基础。据 RCRA 第 1004 条第 27 款：固体废物是指由工业、商业、矿业和农业的经营活动及社会活动所产生的固体、液体、半固体或含有气体的物质，包括由废物处置厂、供水处理厂或空气污染控制设施产生的垃圾残渣和污泥。但是，生活污水及灌溉回流水中的固态或溶解态物质，满足《联邦水污染控制法》（修订本）第 86 卷第 880 号第 402 条规定的点源工业排放物，以及根据 1954 年修订的《原子能法》第 68 卷第 923 号定义的核材料或其副产品，均不属于固体废物。

日本：根据《废弃物处理法》（1970 年 12 月 25 日颁布）第二条第一款，废弃物的定义为：固体或液体形状的垃圾、粗大垃圾、燃烧残渣、污泥、粪便、废油、废碱、动物尸体及其他的污物或丢弃物（放射性物质以及受其污染的物质除外）。丢弃物是指占有者既不能自己利用，也不能有偿出让的不要的物品。

欧盟：1975 年欧盟理事会发布《废弃物框架指令》（简称 WFD，2018 年 6 月 14 日修订），该指令中对废弃物的定义为："废物"是指附件Ⅰ中列举的任何物质，该物质是被拥有者抛弃或打算抛弃或需要报废的物品。

附件Ⅰ中列举的物质包括：Q1 以下种类中没有详细说明的产品或消费品残留物；Q2 不合格产品；Q3 过期产品；Q4 原料溢出、丢失或发生其他灾难，包括由于事故而被污染的任何材料、设备等；Q5 按既定的操作所污染或腐蚀的材料（如来自清洗处理的、包装材料、容器等的残留物）；Q6 不能使用的部分（如废弃的电池、失效的催化剂等）；Q7 不能满足长久使用的物质（如受污染的酸，受污染的溶剂，失效的回火盐等）；Q8 工业加工产生的残渣（如炉渣、沉淀物等）；Q9 治理污染的过程中产生的残留物（如洗刷的污泥、布袋除尘器内的粉尘、失效的过滤器等）；Q10 机械加工、修理产生的残留物（如车床的车屑、轧屑等）；Q11 原料提取和处理过程中产生的残留物（如采矿余渣、油田溅溢物等）；Q12 掺入次品的原料（如被多氯联苯污染的油等）；Q13 法律禁止使用的任何原料、物质或者产品；Q14 持有者不再继续使用的产品（如农业、家庭、办公、贸易及商店的废弃物等）；Q15 土壤修复所产生的受污染的原料、物质或产品；Q16 上述分类中没有包含的其他原料、物质或产品。

俄罗斯：《俄罗斯联邦生产和消费固体法》（1998 年 5 月 22 日通过，2005 年 12 月 31 日修改补充）第一章第一条中将固体废物定义为：在生产或消费过程中产生的原料、产品材料、半成品或其他产品的残渣或废品以及丧失原有使用价值的商品或产品[①]。

1.1.2　固体废物的分类

固体废物的分类方法有多种,按其组成可分为有机废物和无机废物;按其形态可分为固态废物、半固态废物和液态(气态)废物;按其污染特性可分为危险废物和一般废物;按其来源可分为矿业的、工业的、城市生活的、农业的和放射性的等。此外,固体废物还可分为有毒和无毒两大类。有毒有害固体废物是指具有毒性、易燃性、腐蚀性、反应性、放射性和传染性的固体、半固体废物。

在 2020 年新修订的《固废法》中,将固体废物按来源及污染特性分为工业固体废物、生活垃圾、建筑垃圾、农业固体废物及危险废物五类,各类固体废物定义见图 1.1-1。

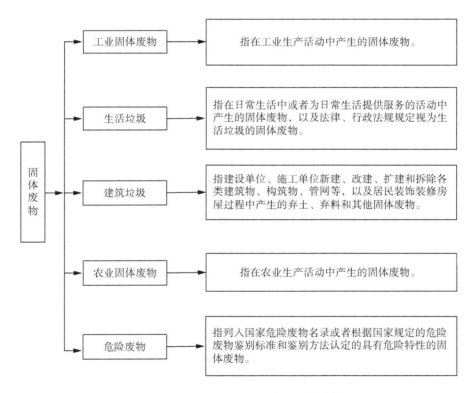

图 1.1-1　《固废法》中固体废物的分类

[①]　张继月.中国固体废物分类管理研究[D].北京:北京化工大学,2009.

1.1.2.1　工业固体废物

工业固体废物主要类别有尾矿、赤泥、冶炼渣、粉煤灰、煤矸石、冶炼废渣和炉渣等[①]。根据《中国统计年鉴(2021)》,2020 年我国一般工业固体废物产生量约为 36.75 亿吨,但综合利用率仅为 55.4% 左右,总体来看,我国工业固体废物存在产生量大、综合利用率较低的特点。工业固体废物具有资源和环境污染的双重属性,工业固体废物中含有大量的有价矿物和金属等有用物质;但种类繁多,成分复杂,若不进行妥善处理,将会给人体健康和生态环境带来重大风险[②]。

工业固体废物按行业主要包括以下几类:

(1) 冶金工业固体废物

冶金工业固体废物主要包括各种金属冶炼或加工过程中所产生的废渣,如高炉炼铁产生的高炉渣、平炉(转炉/电炉)炼钢产生的钢渣、铜镍铅锌等有色金属冶炼过程中产生的有色金属渣、铁合金渣及提炼氧化铝时产生的赤泥等。

(2) 能源工业固体废物

能源工业固体废物主要包括燃煤电厂产生的粉煤灰、炉渣、烟道灰,采煤及洗煤过程中产生的煤矸石等。

(3) 石油化学工业固体废物

石油化学工业固体废物主要包括石油及其加工工业产生的油泥、焦油页岩渣、废催化剂、废有机溶剂等,化学工业生产过程中产生的硫铁矿渣、酸(碱)渣、盐泥、釜底泥、精(蒸)馏残渣以及医药和农药生产过程中产生的医药废物、废药品、废农药等。

(4) 矿业固体废物

矿业固体废物主要包括采矿废石和尾矿,废石是指各种金属、非金属矿山开采过程中从主矿上剥离下来的各种围岩,尾矿是指在选矿过程中提取精矿以后剩下的尾渣。

(5) 轻工业固体废物

轻工业固体废物主要包括食品工业、造纸印刷工业、纺织印染工业、皮革工业等工业加工过程中产生的污泥、废酸、废碱以及其他废物。

---

① 李金惠,张上,孙乾予.我国工业固体废物处理利用产业状况分析与展望[J].环境保护,2021,49(2):14-18.

② 蒋建国.固体废物处置与资源化[M].北京:化学工业出版社,2008.

（6）其他工业固体废物

其他工业固体废物主要包括机械加工过程产生的金属碎屑、电镀污泥、建筑废料以及其他工业加工过程中产生的废渣等。

1.1.2.2　生活垃圾

生活垃圾包括城市生活垃圾和农村生活垃圾。《固废法》规定：任何单位和个人都应当依法在指定的地点分类投放生活垃圾。禁止随意倾倒、抛撒、堆放或者焚烧生活垃圾。

根据目前我国环卫部门的工作范围，城市生活垃圾包括居民生活垃圾、园林废物、机关单位排放的办公垃圾、街道清扫废物、公共场所（如公园、车站、机场、码头等）产生的废物等。在实际收集到的城市生活垃圾中，还可能包括部分小型企业产生的工业固体废物和少量危险废物（如废打火机、废油漆、废电池、废日光灯管等），由于后者具有潜在危害，需要在相应的法规特别是管理工作中逐步制定和采取有效措施对之进行分类收集和适当的处理、处置。农村生活垃圾指的是农村居民日常消费和生活产生的垃圾，主要包括厨余垃圾，商品包装物，废旧衣物、电器、家具、金属，灰渣土等。在成分上除拥有城市生活垃圾的内容外，还有农作物秸秆、化肥农药包装物等农业生产废弃物。

根据中华人民共和国住房和城乡建设部发布的《生活垃圾分类标志》（GB/T 19095—2019），我国生活垃圾分为可回收物、有害垃圾、厨余垃圾及其他垃圾 4 个大类和纸类、塑料、金属等 11 个小类。生活垃圾构成如下：

（1）可回收物

可回收物为适宜回收利用的生活垃圾，包括纸类、塑料、金属、玻璃、织物等。

（2）有害垃圾

有害垃圾为《国家危险废物名录》（以下简称《名录》）中的家庭源危险废物，包括灯管、家用化学品和电池等。

（3）厨余垃圾（也可称为湿垃圾）

厨余垃圾为易腐烂的、含有机质的生活垃圾，包括家庭厨余垃圾、餐厨垃圾和其他厨余垃圾等。

（4）其他垃圾（也可称为干垃圾）

其他垃圾为除可回收物、有害垃圾、厨余垃圾外的生活垃圾。

1.1.2.3 建筑垃圾

建筑垃圾的产生伴随着建筑的整个建设、使用的生命周期[①]。建筑垃圾按其来源可分为：基础施工废弃物、主体施工废弃物、二次装修废弃物以及建筑拆除物；按是否可回收再生利用可分为：无机非金属类可再生利用建筑固态废弃物、有机类可再生利用固态废弃物、金属类建筑固态废弃物和没有利用价值的废旧物料四大类；按物理成分可分为：弃土、废混凝土、废砂浆、废沥青混凝土碎块、废砖、废砂石、废木材、废塑料、废纸、废石膏、废灰浆、废金属以及废旧包装等。具体类别和特点见表1.1-1。

表 1.1-1 建筑垃圾分类方法与主要特点

建筑垃圾	类别	特征物质	特点
按来源分类	基础施工废弃物	弃土、混凝土、废金属、废木材和模板等	产量大，物理成分简单，产生时间集中，污染小
	主体施工废弃物	废砂石、废砂浆、废混凝土、废碎木材和模板、废金属、破碎砌块、废装饰装修材料以及各种包装材料等	弃料的产生伴随整个施工过程，其产生量与管理力度有关
	二次装修废弃物	拆除的旧装饰材料、装饰弃料、废装饰装修材料、废弃包装等	成分复杂，含有害物质多，污染性较强
	建筑拆除物	沥青混凝土、混凝土、旧砖瓦及水泥制品、碎砖、废钢筋、各种废旧装饰材料、废弃管线、废塑料、废碎木、灰土等	物理成分复杂且与拆除物类别有关，具有污染性和可再利用性强双重属性
按可利用性分类	无机非金属类可再生利用建筑固态废弃物	废混凝土、废砂浆、废砂石、废旧砖瓦、废沥青混凝土、灰土、废石膏、废石材	—
	有机类可再生利用固态废弃物	废旧塑料、废纸、废木材和模板等	—
	金属类建筑固态废弃物	废钢筋、废钢架等	—
	废旧物料	旧电线、门窗、各种管线、木材等	—
按物理成分分类	弃土	—	扬尘和占用大量土地，影响市容
	废混凝土	—	有一定化学污染，有扬尘，影响市容
	废砂浆	—	有一定化学污染

---

① 秦小艳.建筑废弃物分类及其对环境污染影响关联因素分析研究[D].重庆：重庆大学,2012.

建筑垃圾	类别	特征物质	特点
	沥青混凝土碎块	—	有一定化学污染,有扬尘,影响市容
	废砖	—	扬尘和占用大量土地,影响市容
	废砂石	—	扬尘和占用大量土地,影响市容
	废木材	—	有一定的生物污染,影响市容
	废塑料、废纸	—	混入农田影响耕种和作物生长,影响市容
	废石膏、废灰浆	—	化学污染严重,影响市容
	废钢筋等金属	—	有一定的化学污染性
	废旧包装	—	有一定的化学污染性

1.1.2.4 农业固体废物

根据《农业固体废物污染控制技术导则》(HJ 588—2010),农业固体废物指农业生产建设过程中产生的固体废物(表格中可简称"固废"),主要来自植物种植业、动物养殖业和农用塑料残膜等。根据《固废法》第九章附则界定,农业固体废物是指在农业生产活动中产生的固体废物。农业生产活动是人类有意识地利用动植物(种植业、畜牧业、林业、渔业和副业),以获得生活所必需的食物和其他物质资料的经济活动。农业固体废物源于农业生产活动,其外延非常广泛,既包括种养业直接产生的农作物秸秆、果木剪枝、尾菜烂果、畜禽粪便、病死畜禽等,也包括农产品初加工产生的果壳、玉米芯、花生壳等,还包括可回收的废旧农业投入品,如废旧农膜、废弃农药包装物、废弃水产养殖网箱等。具体分类方法与组成如表1.1-2所示。

表 1.1-2 农业固体废物分类方法与组成

分类方法	类型	主要组成	备注
来源	农业种植固废	农作物秸秆、果木剪枝、废菌包、尾菜烂果等	废旧农业投入品来自农业种植、畜禽水产养殖和农产品初加工的各个环节,一般为塑料或金属类轻工业产品
	畜禽水产养殖固废	畜禽粪便、废垫料、病死畜禽、废饲料等	
	产地加工固废	花生壳、玉米芯、果皮、蛋壳、废羽毛等	
	废旧农业投入品	废旧农膜(地膜、棚膜、菌包膜)、农药包装物、废旧网箱等	

分类方法	类型	主要组成	备注
毒性	一般固废	秸秆、畜禽粪污、果木剪枝、废旧农膜、病死畜禽等	疫病病死畜禽及其排泄物具有危险特性,环境污染风险大
	危险废物	农药包装物	
组分	易腐有机固废	秸秆、畜禽粪污、果木剪枝、尾菜、花生壳等	农业固废以有机固废为主,既有污染属性也有资源属性
	难降解有机固废	废旧农膜、农膜包装物(塑料类)等	
	无机固废	农药包装物(石英类、金属类)、废旧金属机具等	
形态	固态废物	作物秸秆、果木剪枝、废菌包、废旧农膜、农药包装物、花生壳、玉米芯	农业固体废物以固态废物为主,封存性的液态与气态废物少见
	半固态废物	畜禽粪污、养殖废垫料	

1.1.2.5 危险废物

危险废物是危险固体废物的简称,通常带有腐蚀性、毒性、易燃性、反应性以及感染性,这些垃圾的存在对人们生活的影响明显高于一般性固体垃圾。

1.2 危险废物概述

1.2.1 危险废物的定义

危险废物这一概念于 20 世纪 70 年代初为人熟知。1976 年,美国 RCRA 对此给出定义:危险废物是固体废物,对其不适当的处理、贮存、运输、处置或其他管理方面,能引起或明显地影响各种疾病甚至导致死亡,或对人体健康与环境造成显著威胁。

依据《危险废物鉴别标准 通则》(GB 5085.7—2019),危险废物是指列入国家危险废物名录或者根据国家规定的危险废物鉴别标准和鉴别方法认定的具有危险特性的固体废物。

1.2.2 危险废物的特性

危险废物的特性主要有腐蚀性、毒性、易燃性、反应性以及感染性,具体见表1.2-1。

表 1.2-1　危险废物特性描述

危险废物 特性类型	危险废物特性的描述
易燃性	液态:闪点温度低于 60 ℃(闭杯试验)的液体、液体混合物或含有固体物质的液体; 固态:在标准温度和压力(25 ℃,101.3 kPa)下因摩擦或自发性燃烧而起火,经点燃后能剧烈而持续地燃烧并产生危害的固态废物; 气态:在 20 ℃,101.3 kPa 状态下,在与空气的混合物中体积分数≤13%时可点燃的气体,或者在该状态下,不论易燃下限如何,与空气混合,易燃范围的易燃上限与易燃下限之差大于或等于 12 个百分点的气体
腐蚀性	同生物组织接触后可因化学作用引起严重伤害,或因渗漏严重损害其他物品或运输工具并且还可能造成其他危害的物品或物质
反应性	爆炸物:其本身能通过化学反应产生气体,其温度、压力和速度对周围造成破坏; 与水接触后产生易燃气体的物质或废物; 氧化物:可因自身氧化作用而引起或助长其他物质燃烧的物品或废物; 有机过氧化物:含有—O—O—结构的热不稳定有机物质,可能发生放热自加速分解反应; 同空气或水接触后释放有毒气体的物品或物质
毒性	浸出毒性:通过模拟浸出程序,检测固体废物中危险组分浓度,如果浸出液中任何一种有害成分超出规定项目之浓度值,则说明该固体废物有毒性特征; 急性毒性:通过摄入或吸入体内或由于皮肤接触可使人致命,或严重伤害或损害人类健康的物品或物质,急性毒性一般以"半致死量"表示; 慢性毒性:通过吸入或摄入体内,或渗入体内,能造成延迟或慢性伤害或损害人体健康的物品或物质,主要表现为"三致毒性"——致癌性、致畸性、致突变性; 生态毒性:释放的毒性因生物积累或生物放大对生态环境产生即时的或延迟不利影响的物品或物质
感染性	含有已知或怀疑能引起动物或人类疾病的活性微生物毒素的物品或物质,主要的鉴别对象为医疗废物

1.2.3　危险废物的来源

根据《名录》(2021 年版)、《医疗废物分类目录(2021 年版)》等相关文件,危险废物包括工业危险废物、医疗废物和其他社会源危险废物。工业危险废物占比最大,工业危险废物主要来源于石油化学、化学、钢铁、有色金属冶金等行业,具体见表 1.2-2。

表 1.2-2　危险废物的主要来源

危险废物产生行业	可能产生的废物类别
机械加工及电镀	废矿物油、废乳化液、废油漆、表面处理物、含铜废物、含锌废物、含铅废物、含汞废物、无机氰化物废物、废碱、石棉废物、含镍废物等
金属冶炼、铸造及热处理	含氰热处理废物、废矿物油、废乳化液、含铜废物、含锌废物、含镉废物、含锑废物、含铅废物、含汞废物、含铊废物、废碱、废酸、含镍废物、含钡废物等

续表

危险废物产生行业	可能产生的废物类别
塑料、橡胶、树脂、油脂等化学生产及加工	废乳化液、精（蒸）馏残渣、有机树脂类废物、新化学物质废物、感光材料废物、焚烧处理残渣、含酸类废物、含醚废物、废卤烃有机溶剂、废有机溶剂、含有机物废物、含重金属废物、废油漆等
建材生产及建材使用	含木材防腐剂废物、废矿物油、废乳化液、废油漆、有机树脂类废物、废碱、废酸、石棉废物等
印刷纸浆生产及纸加工	废油漆、废乳化液、废碱、废酸、废卤化有机溶剂、废有机溶剂、含重金属的废涂液等
纺织印染及皮革加工	废油漆、废乳化液、含铬废物、废碱、废酸、废卤化有机溶剂、废有机溶剂等
化学原料及石油产品生产	含木材防腐剂废物、含有机溶剂废物、废矿物油、废乳化液、含多氯联苯废物、精（蒸）馏残渣、有机树脂类废物、废油漆、易燃性废物、感光材料废物、含铍废物、含铬废物、含铜废物、含锌废物、含硒废物、含锑废物、含铅废物、含汞废物、含铊废物、有机铅化物废物、无机氰化物废物、废碱、废酸、石棉废物、有机磷化物废物、含醚类废物、废卤化有机溶剂、废有机溶剂、含多氯苯并呋喃类废物、多氯联苯/二噁英类废物、有机卤化物废物、含镍废物、含钡废物等
电力、煤气厂及废水处理	废乳化液、含多氯联苯废物、精（蒸）馏残渣、焚烧处理残渣等
医药及农药生产	医疗废物、废药品、农药及除草剂废物、废乳化液、精（蒸）馏残渣、新化学物质废物、废碱、废酸、有机磷化学废物、有机氰化物废物、含醚类废物、废卤化有机溶剂、废有机溶剂、含有机卤化物废物等
食品及饮料制造生产容器清洗	废碱、废酸、废卤化有机溶剂等
制鞋行业的黏合剂涂覆	废易燃黏合剂
印刷、出版及相关工业定影显影设备清洗、制版等工艺	废碱、废酸、含汞废液、含铬废物/液、废卤化有机溶剂、废有机溶剂、易燃油墨废物等
化工及化学制造	废碱、废酸、废卤化有机溶剂、废非卤化溶剂、含农药废物、含氰废物、含重金属催化剂、含重金属废物、蒸馏残渣、石棉废物等
石油及煤产品制造	废卤化溶剂、废非卤化溶剂
玻璃及玻璃制品生产	废矿物油、废卤化溶剂、废非卤化溶剂、废酸、重金属废液、废油漆等
钢铁生产与加工	重金属废液、废碱、废酸、废矿物油、含锌废物等
有色金属生产与加工	含重金属废物、废碱、废酸、废矿物油、含锌废物、废卤化溶剂、废非卤化溶剂等
金属制品制造	废碱、废酸、废卤化溶剂、废非卤化溶剂、废矿物油、废油漆、易燃废物、含铬废液、含重金属废物/液等
办公及家电机械和电子设备制造、电子及通信设备制造	废碱、废酸、废卤化溶液、废非卤化溶剂、废矿物油、含重金属废液、含氰废液、易燃有机物等

续表

危险废物产生行业	可能产生的废物类别
机械设备、仪器、运输设备、器材、用品、产品及零件制造	废碱、废酸,废卤化溶液、废非卤化溶剂、废矿物油、含重金属废液、含氰废液、废易燃有机物、石棉废物、废催化剂等
运输部门作业及车辆保养修理	废易燃有机物、废油漆、废卤化溶剂、废矿物油、含多氯联苯废物、废酸、含重金属的废电池等
医疗部门	医院废物、医药废物、废药品等
实验室、商业和贸易部门、服务行业	废碱、废酸,废卤化溶剂、废非卤化溶剂、废矿物油、含重金属废物/液、废油漆,损坏、过期、不合格、废弃及无机的化学药品等
废物处理工艺	废碱、废酸,废卤化溶剂、废非卤化溶剂、废矿物油、含重金属废物/液、含有机卤化物、废油漆、有机树脂类废物等

1.2.4　危险废物的分类

1.2.4.1　目录式分类

2020 年,中华人民共和国生态环境部、国家发展和改革委员会(以下简称"国家发改委")、公安部、交通运输部、国家卫生健康委员会重新修订并出台了《名录》(2021 年版),共包括 46 个废物类别。其中,HW01～HW18 是按危险废物产生来源进行分类的,HW19～HW50 是按危险废物含有的危险废物成分进行分类的,具体见表 1.2-3。

表 1.2-3　危险废物按名录分类

编号	废物类别	编号	废物类别
HW01	医疗废物	HW24	含砷废物
HW02	医药废物	HW25	含硒废物
HW03	废药物、药品	HW26	含镉废物
HW04	农药废物	HW27	含锑废物
HW05	木材防腐剂废物	HW28	含碲废物
HW06	废有机溶剂与含有机溶剂废物	HW29	含汞废物
HW07	热处理含氰废物	HW30	含铊废物
HW08	废矿物油与含矿物油废物	HW31	含铅废物
HW09	油/水、烃/水混合物或乳化液	HW32	无机氟化物废物
HW10	多氯(溴)联苯类废物	HW33	无机氰化物废物
HW11	精(蒸)馏残渣	HW34	废酸
HW12	染料、涂料废物	HW35	废碱

编号	废物类别	编号	废物类别
HW13	有机树脂类废物	HW36	石棉废物
HW14	新化学物质废物	HW37	有机磷化合物废物
HW15	爆炸性废物	HW38	有机氰化物废物
HW16	感光材料废物	HW39	含酚废物
HW17	表面处理废物	HW40	含醚废物
HW18	焚烧处置残渣	HW45	含有机卤化物废物
HW19	含金属羰基化合物废物	HW46	含镍废物
HW20	含铍废物	HW47	含钡废物
HW21	含铬废物	HW48	有色金属采选和冶炼废物
HW22	含铜废物	HW49	其他废物
HW23	含锌废物	HW50	废催化剂

1.2.4.2　性质分类

按物理和化学性质分类,危险废物可分为无机危险废物、有机危险废物、油类危险废物、污泥危险废物等(表 1.2-4)。

表 1.2-4　危险废物按特性分类

分类	废物名
无机危险废物	酸、碱、重金属、氰化物、电镀废水
有机危险废物	杀虫剂,石油类的烷烃和芳香烃,卤代物的卤代烃、卤代脂肪酸、卤代芳香烃化合物和多环芳香烃化合物
油类危险废物	润滑油、液压传动装置的液体、受污染的燃料油
污泥危险废物	金属工艺、油漆、废水处理等方面的污染物

1.3　危险废物管理现状

1.3.1　危险废物产生、处置现状

危险废物主要包括工业危险废物、医疗废物与其他社会源危险废物,其中工业危险废物占七成以上。经《2020 年全国大、中城市固体废物污染环境防治年报》统计可知,2019 年,196 个大、中城市工业危险废物产生量达 4 498.9 万吨,

综合利用量 2 491.8 万吨,处置量 2 027.8 万吨,贮存量 756.1 万吨。工业危险废物综合利用量占利用处置及贮存总量的 47.2%,处置量、贮存量分别占比 38.5%和 14.3%,综合利用和处置是处理危险废物的主要途径(图 1.3-1)。

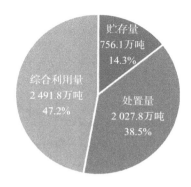

图 1.3-1 2019 年我国工业危险废物利用、处置、贮存情况

中国危险废物产生量地域分布严重不均,2019 年各省(区、市)工业危险废物产生量排名前 10 的分别为:山东、江苏、浙江、广东、四川、湖南、广西、陕西、甘肃和吉林(图 1.3-2)。2019 年,前 10 名城市产生的工业危险废物总量为 1 409.6 万吨,占全部信息发布城市产生总量的 31.3%。

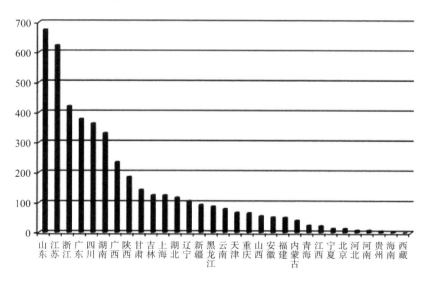

图 1.3-2 2019 年各省(区、市)工业危险废物产生量情况
(单位:万吨)

2009—2019 年，重点城市及模范城市的工业危险废物产生量、综合利用量、处置量及贮存量详见图 1.3-3。2019 年，重点城市及模范城市工业危险废物产生量、综合利用量、处置量及贮存量分别为 2 977.9 万吨、1 736.2 万吨、1 266.7 万吨和 529.3 万吨。

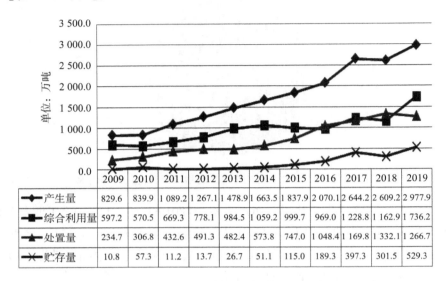

	2009	2010	2011	2012	2013	2014	2015	2016	2017	2018	2019
◆ 产生量	829.6	839.9	1 089.2	1 267.1	1 478.9	1 663.5	1 837.9	2 070.1	2 644.2	2 609.2	2 977.9
■ 综合利用量	597.2	570.5	669.3	778.1	984.5	1 059.2	999.7	969.0	1 228.8	1 162.9	1 736.2
▲ 处置量	234.7	306.8	432.6	491.3	482.4	573.8	747.0	1 048.4	1 169.8	1 332.1	1 266.7
✕ 贮存量	10.8	57.3	11.2	13.7	26.7	51.1	115.0	189.3	397.3	301.5	529.3

图 1.3-3 2009—2019 年重点城市及模范城市的工业危险废物产生、利用、处置、贮存情况
（单位：万吨）

1.3.2 危险废物的管理现状

1.3.2.1 政策法规

（1）法律法规

目前，我国危险废物管理相关法律有：《中华人民共和国环境保护法》（以下简称《环境保护法》）、《中华人民共和国固体废物污染环境防治法》（以下简称《固废法》）、《中华人民共和国水污染防治法》（以下简称《水污染防治法》）、《中华人民共和国海洋环境保护法》（以下简称《海洋环境保护法》）、《中华人民共和国环境保护税法》（以下简称《环境保护税法》）、《中华人民共和国防震减灾法》（以下简称《防震减灾法》）、《中华人民共和国刑法》（以下简称《刑法》）等。

2014 年修订的《环境保护法》是我国环境保护领域的基本法，也是制定其他危险废物管理法律法规的基础，该法第五十一条规定了建设危险废物集中处置设施、场所的要求,将危险废物处理作为我国环境保护的重要内容,为我国危险废物管理提供原则性的法律依据。2017 年修正的《水污染防治法》第四十条明确危险废物处置场的建设要求和防渗漏措施,建设地下水水质监测井进行污染监测。同年修正的《海洋环境保护法》第三十九条、第七十八条对危险废物转移作出禁止性规定。2018 年实施的《环境保护税法》明确规定危险废物的税额。另外,《防震减灾法》第六十九条第二款规定在地震灾害现场要妥善清理、转运和处置危险废物。《刑法》也从不同的角度对危险废物管理进行相应规定,其第三百三十八条和三百三十九条明确规定危险废物污染环境犯罪的刑事责任。

1995 年颁布,2004 年和 2020 年进行修订的《固废法》是我国固体废物管理的专门性法律,是固体废物污染防治的法律基础。《固废法》确立了固体废物管理的"减量化、资源化和无害化"原则,全面规定了固体废物环境管理制度和体系,提出对固体废物产生、收集、贮存、运输、利用和处置进行全过程管理。在《固废法》中对固体废物污染环境防治的总则、监督管理、保障措施、法律责任和附则等进行了规定,并在"危险废物"章节中确立了危险废物管理的特别法律制度,包括危险废物名录和鉴别制度、识别标志制度、管理计划和申报制度、行政代处置制度、排污收费制度、经营许可证制度、贮存分类和限时制度、转移联单制度、应急预案制度、污染事故报告制度和后期费用预提制度,明确了危险废物管理的方案和责任,为危险废物的管理提供了法律依据。

（2）规章

2020 年修订实施的新版《名录》(2021 年版)是我国危险废物管理的基础,有利于加强对危险废物的统筹管理。新版《名录》将危险废物调整为 46 大类,32 种危险废物列入《危险废物豁免管理清单》,建立危险废物豁免排除制度,并提出与之相适应的管理要求。该名录的颁布有利于降低危险废物处理与行政管理的成本,有利于提升行政监管部门与企业主体的责任意识。

2017 年,中华人民共和国环境保护部(以下简称"环境保护部")下发《建设项目危险废物环境影响评价指南》,用于解决工业建设项目中环境监管不利的问题,进一步强化危险废物环境影响评价的规范化管理。该文件合理划分各级环境保护主管部门的权利和责任,要求各级环保主管部门要严格审批危险废物相关建设项目,对危险废物进行全过程管理,动员企业根据实际情况进行危险废物建设项目的环境影响评价,推动政府和企业的良性互动。《危险废物转移联单管理办法》规定危险废物转移联单制度,进一步强化对危险废物的管理力度。《危险废物出口核准管理办法》规定危险废物出口核准制度,明确出口程序和主管部门,有利于规范危险废物出口管理。

我国部分省市结合本地实际,细化管理制度,加强对本地区危险废物的管理。如四川省制定《四川省危险废物污染环境防治办法》,上海市制定《上海市危险废物污染防治办法》,苏州市制定《苏州市危险废物污染环境防治条例》,徐州市制定《徐州市危险废物管理办法》,大连市制定《大连市危险废物污染环境防治办法》,郑州市制定《郑州市危险废物污染防治办法》,哈尔滨市制定《哈尔滨市危险废物污染环境防治办法》等。

(3)规范性文件

2016年,国务院印发《"十三五"生态环境保护规划的通知》,提出要加强对危险废物的风险防控能力,采取全过程、多层次的信息化监管,严守生态环境和社会环境的安全底线;积极推动危险废物鉴别工作,建立科学高效的危险废物鉴别体系;对危险废物处置进行合理规划。2017年,环境保护部采纳各方意见,下发《"十三五"全国危险废物规范化管理督查考核工作方案》,巩固和深化危险废物规范化管理督查考核工作实效,进一步推进危险废物环境监管能力建设。

2018年12月,国务院办公厅印发《"无废城市"建设试点工作方案》,提出发展并构筑无废社会,加强危险废物管理。2019年12月,中共中央、国务院印发《长江三角洲区域一体化发展规划纲要》,提出加强固体废物、危险废物污染联防联治及协同监管。2020年3月,中共中央办公厅、国务院办公厅印发《关于构建现代环境治理体系的指导意见》,提出要制定修订固体废物污染防治等方面的法律法规,提高固体废物综合利用率。2021年5月11日,国务院办公厅印发《强化危险废物监管和利用处置能力改革实施方案》,要求进一步强化危险废物监管和利用处置能力。

综上,我国危险废物管理政策从无到有,从模糊到具体,建成以宪法为核心,以《环境保护法》为基础,以《固废法》为框架,以《名录》(2021年版)为标准,并辅以《危险废物经营许可证管理办法》等规范性法律文件在内的比较完整的危险废物管理法律体系,表明我国在危险废物立法方面取得显著进步。

1.3.2.2 管理制度

(1)危险废物产生单位管理体系

为加强危险废物产生单位的环境管理,我国主要采取以下管理体系:

① 污染环境防治责任制度。应当建立和健全危险废物污染环境防治责任制度,明确相关责任人及其责任事项,依法明确污染环境防治责任和义务,并根

据要求进行危险废物污染防治及其规范化管理。

② 标识制度。应当对危险废物容器、包装物等设置符合相关要求的标准、正确的识别标志，便于警示、区分管理。

③ 管理计划制度。制定危险废物管理计划，并要报所在地生态环境主管部门备案。危险废物的管理计划应该包括该年度企业生产状况、工艺及危险废物产生环节、危险废物量、危险废物贮存设施情况（场地大小、容器情况、暂存危险废物种类）、危险废物利用设施（涉及运行能力、设备、处置危险废物名称、效果、达标情况等）、危险废物管理体系（管理部门及人员、组织机构）、危险废物分类管理及转移计划、危险废物管理制度的执行情况、危险废物事故防范促使和环境监测措施。

危险废物管理计划应当包括减少危险废物产生量、降低危险废物危害性的措施以及危险废物贮存、利用、处置措施。对于减量管理上，企业可采取的措施如原料涉及包装桶的，企业梳理包装桶的回收利用情况，掌握原料的主要特征，在对原料性能无明显影响的前提下，采取桶内加内衬的方式，未被污染的桶直接回用，减少危险废物的产生量。

④ 申报登记制度。根据上一年度危险废物实际产生、贮存、转移、利用、处置情况，通过信息系统向所在地生态环境主管部门申报危险废物的种类、产生量（数量）、流向、贮存量、利用量或处置量等有关资料，实现危险废物实际情况年度报告制。

⑤ 不得擅自倾倒、堆放。按照环保要求贮存、利用、处置危险废物。其中危险废物储存按《危险废物贮存污染控制标准》（GB 18597—2001）中的相关规定执行，该标准中对选址、贮存场所、容器等都做了相应的要求。企业要合法处置危险废物，如随意倾倒危险废物超过 3 吨，根据《最高人民法院 最高人民检察院关于办理环境污染刑事案件适用法律若干问题的解释》和《刑法》第三百三十八条，要处三年以下有期徒刑或者拘役，并处或者单处罚金；情节严重的，处三年以上七年以下有期徒刑，并处罚金。

⑥ 源头分类制度。按照危险废物特性进行分类，采取符合国家相关环境保护标准、要求的防护措施分类贮存危险废物，从源头上防范危险废物贮存的环境和安全风险。

⑦ 转移联单制度。转移危险废物的，应当如实填写并运行危险废物转移联单，如无特殊规定选择电子转移联单，当有特殊规定或存在系统运行不畅、故障时可采用纸质联单。在危险废物转移前执行报告制度。跨省级行政区划转移危

险废物的,应当向危险废物移出地省级生态环境行政主管部门申请并获得批准后方可进行跨省转移。

⑧ 经营许可制度。应当将危险废物提供或者委托给具备危险废物收集、利用或处置能力的持有危险废物经营许可证的单位或符合规定的豁免经营单位进行收集、贮存、利用、处置,禁止随意倾倒、偷排,使危险废物得到综合利用或无害化处理,防范环境风险。

⑨ 应急预案备案制度。制定产废单位意外事故的防范措施、应急预案,并向所在地生态环境行政主管部门备案。储备好符合要求的应急工具、装置、设施、设备等,按照备案的应急预案要求每年定期进行应急演练。

⑩ 贮存、利用、处置设施管理。建设危险废物产生以及自行建设危险废物贮存、利用、处置设施的项目,应依法进行环境影响评价并遵守国家有关建设项目环境保护管理规定。贮存、利用或处置设施设备要符合相关标准或要求。

(2) 危险废物运输单位管理体系

① 转移联单制度。运输危险废物,应当采取防止污染环境的措施,按照国家有关危险废物运输管理的规定和危险废物转移联单内容,将危险废物安全运抵联单载明的接受地,严防半路偷排、倾倒。

② 标识制度。运输危险废物的车辆或设施,必须设置危险废物或危险货物识别标志,做好警示警醒,运输路线应尽量躲避生态环境保护敏感区域或居民区。

③ 应急预案备案制度。制定运输单位意外事故的防范措施和应急预案,并向所在地生态环境行政主管部门备案,做好突发环境事件的应急防范准备。

(3) 危险废物经营单位管理体系

危险废物经营单位的环境管理主要采取以下管理体系:

① 经营许可证制度。从事危险废物收集、贮存、处置经营活动的单位,应当依法向权力范围内的县级及以上生态环境行政主管部门申请领取危险废物经营许可证,并按照许可证规定从事危险废物相关处理活动。领取危险废物收集许可证的单位,应当与利用或处置单位签订接收合同,并在国家规定的期限内提供或者委托给利用或处置单位进行处理。实施豁免管理的危险废物经营单位,可不申请领取危险废物经营许可证。除特殊情况外,收集来的危险废物应避免在同类型许可证单位间二次转移。

② 标识制度。对危险废物的贮存容器或包装物以及危险废物的收集、贮存、运输、处置设施或场所,必须设置危险废物识别标志,做到分区、分类、分流管

理,禁止不相容废物一起贮存。

③ 管理计划制度。新产生危险废物的经营单位按照国家有关规定制定危险废物管理计划,具体内容和管理方式参照危险废物产生单位管理计划制度要求。

④ 申报登记制度。新产生危险废物的经营单位通过信息系统申报新产生危险废物的种类、产生量(数量)、流向、贮存量、处置量等有关资料,该部分内容可在年度经营报告中体现。

⑤ 转移联单制度。危险废物接受单位(危险废物经营许可证单位或豁免经营单位)应当按照联单填写的内容对危险废物核实验收,如发现危险废物的名称、数量等内容与联单内容不符的,应及时向接受地生态环境行政主管部门报告,并通知产废单位。需转移给外单位利用或处置的危险废物,全部提供或委托给持危险废物经营许可证单位或豁免经营单位处理。利用、处置过程产生不能自行利用、处置的危险废物应与有相应资质的危险废物利用、处置单位签订委托利用或处置合同,保证危险废物产生单位与接受单位危险废物种类、数量等相关信息一致。

⑥ 应急预案备案制度。按照《危险废物经营单位编制应急预案指南》等规定制定意外事故的防范措施及其应急预案,并向所在地生态环境行政主管部门备案。储备好符合要求的应急工具、装置、设施、设备等,按照备案的应急预案要求每年组织应急演练,做好应急风险防范。

⑦ 贮存、利用、处置设施管理。收集、贮存危险废物,必须按照危险废物特性分类分区进行。贮存危险废物必须采取符合国家环境保护标准和要求的贮存场所和设施设备,满足防护措施和要求,贮存期限不能超过一年,如发生设施设备故障等原因想延期贮存的,需要向发证机关进行延期申请并获得批准后方可延期贮存,且延期贮存期限原则上不能再超过一年。

⑧ 记录和报告经营情况制度。定期报告危险废物经营活动情况,包括危险废物经营月报和年报,保证数据与台账、转移联单等一致。如实记载收集贮存、处置危险废物的类别、来源、去向和有无事故等事项,建立危险废物经营情况记录簿。

第二章
固体废物危险特性鉴别体系

危险废物管理是我国固体废物环境管理的重点,而危险废物鉴别是危险废物管理的技术基础和关键环节,是有效管理和处理处置危险废物的前提。本章在全面梳理我国危险废物鉴别管理体系、危险废物鉴别标准体系的建立及发展历程的基础上,从危险废物鉴别管理及实践出发,对我国危险废物鉴别工作开展情况进行分析,指出危险废物鉴别实践中存在的不足,为进一步完善我国危险废物鉴别体系、规范危险废物鉴别管理工作提出相关建议。

2.1 危险废物鉴别管理体系

2.1.1 初步建立标准体系阶段

我国于1996年和1998年首次颁布实施了《危险废物鉴别标准》和《名录》。2007年随后颁布了《危险废物鉴别标准 通则》(以下简称《通则》)、《危险废物鉴别技术规范》(以下简称《技术规范》)、《危险废物鉴别标准 腐蚀性鉴别》、《危险废物鉴别标准 急性毒性初筛》、《危险废物鉴别标准 浸出毒性鉴别》、《危险废物鉴别标准 易燃性鉴别》、《危险废物鉴别标准 反应性鉴别》、《危险废物鉴别标准 毒性物质含量鉴别》等一系列危险废物鉴别标准。其中,《通则》规定了危险废物鉴别的程序和判别规则,是危险废物鉴别标准体系的基础;《技术规范》规定了危险废物鉴别过程样品采集、检测和判断等技术要求,是规范鉴别工作的基本准则。这一系列危险废物鉴别标准对判断固体废物是否属于危险废物发挥了决定性的作用,初步建立了我国危险废物鉴别技术体系。

2.1.2　逐步加强能力建设阶段

2012 年 10 月 8 日,中华人民共和国环境保护部、国家发改委、工业和信息化部、卫生部发布了《关于印发〈"十二五"危险废物污染防治规划〉的通知》,明确指出:加强危险废物鉴别和监测能力建设。建立健全危险废物鉴别机制和制度,国家和省级环保部门要指定专门机构负责组织固体废物属性和危险废物鉴定工作。研究制定危险废物鉴别实验室管理办法,鼓励依托省级环境监测机构建设固体废物属性及危险废物鉴别实验室。推动将固体废物属性及危险废物鉴别机构纳入国家司法鉴定体系。制定危险废物特性分析和环境监测实验室仪器配置标准,逐步建立危险废物特性试验与监测分析的技术体系,使环保部门和其他具有资质的监测机构具备全面执行危险废物相关法规和标准的监测技术支撑能力。2016 年 6 月、2019 年 9 月分别发布了《名录》和《通则》的修订版,《名录》对危险废物种类进一步细化,增加《危险废物豁免管理清单》,提高了固体废物管理工作的可操作性和效率;《通则》规定了依据产生来源、利用和处置过程中固体废物的鉴别标准,规范和加强了危险废物鉴别的标准规范体系。

2.1.3　深入规范法规政策阶段

《固废法》经 2020 年 4 月 29 日第二次修订,确立了"减量化、资源化、无害化""污染担责"等重大法律原则,完善了对工业固体废物、农业固体废物、生活垃圾、建筑垃圾、危险废物等的污染防治制度。2020 年新发布的《名录》的基本原则、技术程序与前几个版本基本相同,差别在于修订了工作方法,即把问题导向作为工作方针,重点针对旧名录在实施过程中,大家反映较集中、问题较多的废物开展修订。为落实新《固废法》,加快提升危险废物环境管理信息化能力和水平,推进危险废物产生、收集、贮存、转移、利用、处置等全过程监控和信息化追溯,中华人民共和国生态环境部(以下简称"生态环境部")于 2021 年 9 月 2 日发布了《"十四五"全国危险废物规范化环境管理评估工作方案》,对相关评估指标进行优化完善。2021 年 9 月 7 日,生态环境部发布了《关于加强危险废物鉴别工作的通知》,从国家层面在规范危险废物鉴别流程与鉴别结果应用、强化危险废物鉴别组织管理等方面做出指示及要求,为地方制定工作细则、规范开展鉴别工作奠定了基础①。与此同时，国家发布的《土壤污染行动防治计划》《生活垃圾分类制度实施方案》《“十四五”时期“无废城市”建设工作方案》等文件中都对危险废物鉴别管理提出了要求，逐步引领固体废物、危险废物鉴别管理走上法治化、规范化的轨道②。

具体阶段见图 2.1-1。

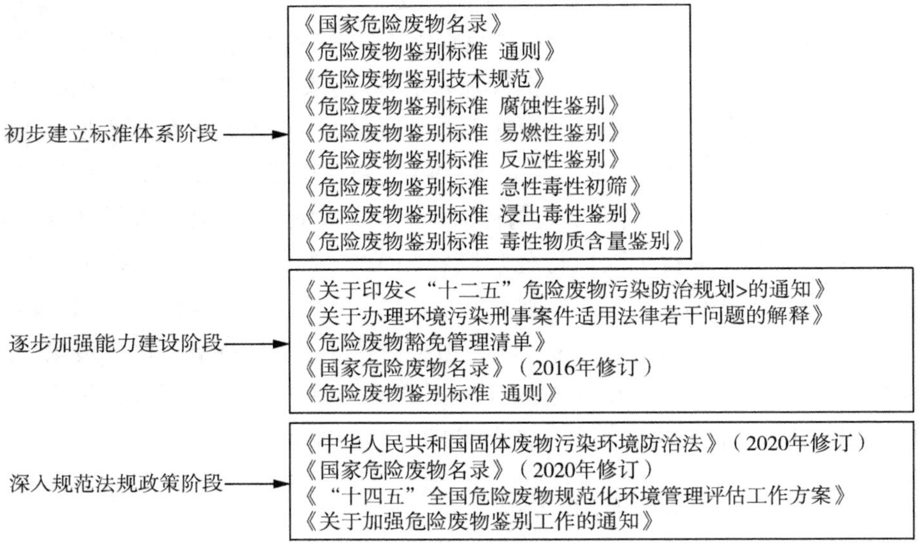

图 2.1-1 我国危险废物管理体系发展历程图

2.2 危险废物鉴别标准体系

2.2.1 危险废物鉴别标准体系的发展

我国危险废物鉴别标准体系框架的构建始于 20 世纪 90 年代。1990 年，我国签署了《控制危险废物越境转移及其处置巴塞尔公约》(以下简称《巴塞尔公约》)，随后于 1995 年 10 月，在第八届全国人民代表大会常务委员会第十六次会议上正式通过第一版《固废法》，首次以立法的形式对危险废物的全过程管理进

① 李清坤，闫纪宪. 危险废物鉴别管理程序探析[J]. 皮革制作与环保科技，2021(6)：128-129.

② 党鹏刚，张英，曹国志，等. 我国危险废物管理问题及风险防控对策研究[J]. 环境保护科学，2021，47(2)：172-176.

行系统性的规范,明确了危险废物环境的管理办法和责任。1996 年,相关部门发布的《危险废物鉴别标准》(GB 5085.1～3—1996)确立了统一的危险废物鉴别标准。1998 年,我国参照《巴塞尔公约》制定并颁布了首版《国家危险废物名录》,将危险废物按照一般来源以及危险组分分为 47 大类。

2000 年以后,我国危险废物鉴别标准体系逐步完善。随着我国经济不断发展及环境保护工作形式的改变,2004 年,《固废法》第一次修订工作完成,建立了危险废物申报登记、转移联单等 8 项制度。《固废法》修订后,《名录》及《危险废物鉴别标准》(GB 5085.1～3—1996)已无法满足危险废物管理工作需求。2007 年,国家环境保护总局与国家质量监督检验检疫总局对《危险废物鉴别标准》进行了修订和扩充,增加了危险废物的易燃性、反应性、毒性物质含量鉴别等危险特性鉴别的标准方法,并制定颁布了《危险废物鉴别标准 通则》(GB 5085.7—2007),《通则》明确了危险废物鉴别程序、危险废物混合后判定规则。同年,《危险废物鉴别技术规范》(HJ/T298—2007)首次发布,对危险特性鉴别工作中涉及的样品采集和检测,以及检测结果的判断等技术要求进行了规定。2008 年,在对我国危险废物产生特征和污染特征深入研究的基础上,完成《名录》的第一次修订,解决了原《名录》与《固废法》相冲突的问题,对推动《固废法》相关危险废物管理制度的实施起到了积极的作用。

2013—2016 年,全国人大常委会分别针对《固废法》中的危险废物转移制度、进口废物分类管理及生活垃圾处置设施等特定条款进行了修正。2016 年,完成了《名录》的第二次修订工作,首次引入危险废物分级分类管理理念,新增《危险废物豁免管理清单》(16 种),明确了医疗废物的管理内容,并提出了动态修订的原则。2019 年初,生态环境部针对 2016 年《名录》实施过程中发现的主要问题,启动《名录》的第三次修订工作。2019 年底,《技术规范》《通则》修订完成,同时发布实施,解决了原版本中鉴别对象不明确、采样方法不具体、判定规则不够合理等问题。2020 年 5 月,《固废法》经第二次修订后正式实施,展现了用最严格制度、最严密法治保护生态环境的思路。2020 年底,在坚持问题导向、精准治污、风险管控原则的基础上完成了第四版《名录》的修订工作,新《名录》对正文、附表和附录三部分均进行了大幅的修改和完善,并在促进危险废物资源化利用、降低管理和处置成本等方面进一步发力。危险废物鉴别体系的不断更新完善,不仅满足了我国危险废物环境管理和鉴别的新需求,而且使危险废物鉴别体系更具有操作性,成为我国实现危险废物精细化管理的重要推手和抓手(图 2.2-1)。

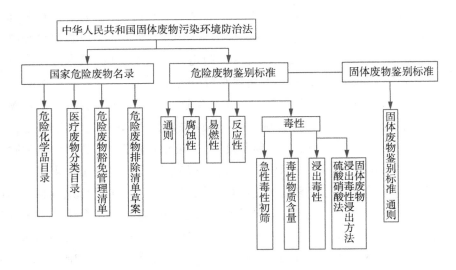

图 2.2-1 危险废物鉴别标准体系组成

2.2.2 危险废物鉴别标准规范文件

危险废物鉴别标准及规范体系主要以《固废法》为基础,涵盖《名录》(2021年版)和《固体废物鉴别标准 通则》(GB 34330—2017),危险废物鉴别系列标准等规范文件。

> **法律法规**
>
> 《控制危险废物越境转移及其处置巴塞尔公约》;
>
> 《中华人民共和国固体废物污染环境防治法》(2020年4月29日修订);
>
> 《国家危险废物名录(2021年版)》;
>
> 《最高人民法院 最高人民检察院 关于办理环境污染刑事案件适用法律若干问题的解释》(法释〔2016〕29号)。
>
> **管理政策**
>
> 《关于污(废)水处理设施产生污泥危险特性鉴别有关意见的函》(环函〔2010〕129号);
>
> 《关于化工等行业生产废水物化处理污泥属性判定的复函》(环办函〔2014〕1549号);
>
> 关于印发《"十四五"全国危险废物规范化环境管理评估工作方案》的通知(环办固体〔2021〕20号);
>
> 《关于加强危险废物鉴别工作的通知》(环办固体函〔2021〕419号)。

> **危险废物鉴别标准**
>
> 《固体废物鉴别标准 通则》(GB 34330—2017);
>
> 《危险废物鉴别标准 通则》(GB 5085.7—2019);
>
> 《危险废物鉴别标准 腐蚀性鉴别》(GB 5085.1—2007);
>
> 《危险废物鉴别标准 急性毒性初筛》(GB 5085.2—2007);
>
> 《危险废物鉴别标准 浸出毒性鉴别》(GB 5085.3—2007);
>
> 《危险废物鉴别标准 易燃性鉴别》(GB 5085.4—2007);
>
> 《危险废物鉴别标准 反应性鉴别》(GB 5085.5—2007);
>
> 《危险废物鉴别标准 毒性物质含量鉴别》(GB 5085.6—2007);
>
> 《危险废物鉴别技术规范》(HJ 298—2019);
>
> 《固体废物 浸出毒性浸出方法 硫酸硝酸法》(HJ/T 299—2007);
>
> 《工业固体废物采样制样技术规范》(HJ/T 20—1998)。

2.3 危险废物鉴别工作特点

2.3.1 危险废物鉴别工作开展情况

危险废物鉴别标准体系的建立与完善,促进了危险废物鉴别工作的有序开展。目前,我国各省份根据本地区危险废物产生特点及危险废物管理工作的实际需求,开展了危险废物鉴别管理工作,并制定了本地区危险废物鉴别管理规定,以推动危险废物鉴别工作的有序开展。但在开展过程中发现我国现行危险废物鉴别体系、鉴别流程仍存在问题。为进一步提高我国危险废物环境管理水平,规范危险废物鉴别工作,我国危险废物鉴别体系还需进一步完善。

根据生态环境部固体废物与化学品管理技术中心及相关文献统计:2020年,我国共有 24 个省(区、市)组织开展了危险废物鉴别工作,共完成危险废物鉴别报告 616 份,其中,经鉴别为危险废物的 69 份,不属于危险废物的 425 份,未明确给出结论的 112 份。其中,广东、江苏、山东、江西、贵州完成的危险废物鉴别报告数量位居前五;经鉴别的固体废物主要涉及有色金属冶炼和压延加工业、生态保护和环境治理业及化学原料和化学制品制造业等,其中,有色金属冶炼和压延加工业占比较大,为 70.26%;经鉴别的固体废物主要类别有废渣、污泥、废盐、尾矿、飞灰等,其中,废渣占比为 76.85％[①]。

在危险废物鉴别机构方面,2020 年,全国 22 个省(区、市)共有 119 家单位开展了危险废物鉴别工作,其中分布在江苏、福建、广东等地的鉴别单位较多,分别为 27 家、17 家及 11 家。河北、黑龙江、安徽、河南、广西、四川、云南、西藏、青海 9 个省(区)及新疆生产建设兵团则没有危险废物鉴别单位。鉴别单位包括第三方检测公司、科研院所、事业单位及高校等,占比分别为 61.34％(73 家)、19.33％(23 家)、17.65％(21 家)、1.68％(2 家)。119 家鉴别单位中,有 89 家具备检测能力。

在鉴别程序方面,以上开展危险废物鉴别工作的省(区、市),采用的程序大致分为两种:第一种是以第三方鉴别和评估为主、生态环境部门监督管理,例如江苏、浙江、福建、重庆等地;第二种是由省级固体废物监督管理中心(以下简称"固管中心")对鉴别结论出具认定意见,例如上海、山西、甘肃、江西等地。目前,江苏、浙江、重庆、甘肃、宁夏、上海、河北、青海、福建、江西等 10 多个省(区、市)制定了危险废物鉴别程序和标准,对鉴别工作加以规范。东部沿海的各个省份和直辖市建立了较为规范、完整的危险废物鉴别管理体系,中西部地区也有少数的省(区、市)有所成效。国家加大了对危险废物的鉴别管理调控力度,对各个政府单位做出了更加细化的工作规定,各省(区、市)依据国家相关规定也在逐步建立和落实相关的危险废物的鉴定管理体系,更加规范地完成整个危险废物的鉴别工作,对废物进行充分的筛选和回收利用,为我国的绿水青山保色,也让周围整体环境的舒适度得到提升[②]。2021 年,生态环境部发布了《关于加强危险废物鉴别工作的通知》(环办固体函〔2021〕419 号),从国家层面规定了鉴别工作开展的流程和鉴别结果的应用,为地方制定工作细则、规范开展鉴别工作奠定了基础。

2.3.2　省级生态环境部门直接承担

省级固管中心受委托具体承办危险废物鉴别工作。具有鉴别需求的单位向固管中心提出鉴别申请并提供证明材料,由中心指定或随机抽选具有相应资质的第三方检测机构承担鉴别工作,编制鉴别工作方案(上海是固管中心编制鉴别

---

① 吴晓霞,孙袭明,李根强,等.危险废物鉴别标准体系的发展与实践研究[J].再生资源与循环经济,2022,15(2):15-17.

② 李延荣.危险废物鉴别程序及鉴别工作的开展措施研究[J].造纸装备及材料,2021,50(10):99-100.

方案),方案经固管中心论证通过后,鉴别机构按照相关技术要求开展鉴别工作,出具鉴别报告,固管中心人员或组织专家对鉴别报告进行论证,最后以省级生态环境部门(以下简称"省厅")或固管中心名义出具鉴别意见。鉴别意见可作为环境监管、环境执法、污染防治、环评报告编制及其评估、审批和项目验收等的基础依据。典型省(区、市)有上海、重庆、江苏、江西、青海等。

该种模式的优点是判定的标准尺度一致、把关严格、时效性高、便于统一管理,缺点是委托方众多、任务繁重、监管压力大。

2.3.3　市县生态环境部门具体承办

省固管中心负责规范管理鉴别工作,制定鉴别流程,公布鉴别机构名单,并对市级生态环境部门(以下简称"市局")出具的初步鉴别意见进行认可。委托方从鉴别机构名单中自行选择鉴别机构,并向市局提出书面鉴别申请并提供相关资料。鉴别机构编制鉴别工作方案报送市局,市局组织专家论证后确定鉴别方案。鉴别机构依据国家有关标准和技术规范取样和检测,出具书面鉴别报告,并及时报送至市局,市局出具初步认定意见后,连同其他相关材料一并报送省固管中心,中心出具认可意见后,由市局进行备案。经备案的鉴别报告和认可意见可作为被鉴别物环境管理的依据。典型地区为河北省和广东省的广州市。

该种模式的优点是鉴别工作监管层级适中,既能保证有效监管体系向下开展,又能分摊监管压力,避免鉴别工作扎堆;缺点在对于标准的掌握可能存在偏差,鉴别结果认定存在一定瑕疵,并且监管压力较大。

2.3.4　企业委托鉴别机构自主进行

省厅主要负责鉴别工作监督管理,委托方向鉴别机构提交书面申请及材料,签订鉴别合同,鉴别机构编制鉴别方案,市局组织专家论证并确定方案,鉴别机构开展取样检测,出具鉴别报告,并将报告报市局备案,市局将鉴别工作情况定期向省厅报送。典型省(区、市)有浙江省、福建省、宁夏回族自治区等。

该种模式的优点是企业自主度高,有利于节约企业成本,降低廉政风险;缺点是鉴别的随意性大,监管部门介入鉴别过程少,鉴别质量难保证[1]。

---

① 李清坤,闫纪宪.危险废物鉴别管理程序探析[J].皮革制作与环保科技,2021,2(6):128-129.

2.4　危险废物鉴别体系存在的问题

2.4.1　危险废物鉴别工作需要统一和规范

目前,危险废物鉴别尚未形成统一的管理和要求,行业发展不充分,导致鉴别需求单位与服务提供单位之间沟通不畅;鉴别程序不明确且存在地区差异;鉴别结果缺乏公信力等问题。此外,危险废物鉴别机构存在着分布不均、鉴别技术能力不足、检测水平参差不齐、缺乏必要的质量控制与质量保障体系等情况,在一定程度上影响了鉴别结论及报告的准确性、真实性、规范性和科学性。

2.4.2　危险废物鉴别工作缺少应急机制

当前危险废物鉴别周期一般在2～3个月,最短也需40天左右。但在应对突发环境污染事件时,政府部门、环保管理部门、公安等相关执法部门存在废物特性快速鉴别的需求,按照现行的危险废物鉴别工作开展流程,即从资料收集、现场踏勘、采样、样品初筛、鉴别方案制定、样品检测,到出具检测结果,鉴别时长显然无法满足突发环境污染事件对危险废物鉴别的时效性要求。

2.4.3　危险废物鉴别结论与环境管理制度的衔接

《名录》(2021年版)第六条规定"经鉴别具有危险特性的,属于危险废物,应当根据其主要有害成分和危险特性确定所属废物类别,并按代码"900-000-×
×"(××为危险废物类别代码)进行归类管理"。但由此新增的危险废物代码可能会导致危险废物产生单位和经营单位需要对相应的危险废物管理计划、排污许可证、经营许可证及转移计划等进行变更,而以上信息的变更还可能涉及环境影响评价、环境监察、规范化考核、经营许可证管理以及排污许可管理等多个方面,这可能会对危险废物鉴别结果的归类准确性产生影响。

2.5　危险废物鉴别体系完善建议

2.5.1　加快出台地方危险废物鉴别工作管理办法

当前危险废物鉴别标准体系,在技术层面操作具体可行,但在危险废物鉴别管理层面,没有规范的程序性规定,就会造成诸多问题的出现。建议加快出台地方危险废物鉴别工作管理办法,明确管理部门职责,强化危险废物鉴别环境管理,明晰对危险废物鉴别单位管理要求,规范危险废物鉴别流程与鉴别结果。从整体上,提升危险废物鉴别能力,推动鉴别结果、结论成为《名录》动态修订的理论支撑依据。

2.5.2　建立危险废物鉴别应急机制

不断完善危险废物鉴别标准体系,出台危险废物鉴别应急检测执行程序及相关要求,建立一套完整的、高效的突发环境污染事件应急废物鉴别程序和机制。在保证危险废物鉴别结果准确、真实、可靠的前提下,缩短危险废物鉴别的周期,以满足突发环境污染事件对危险废物鉴别的时效性要求。此外,加强对提升危险废物鉴别能力的投入,研发危险废物快速初筛技术、快速检测仪器和设备,推动开展危险废物特性现场鉴别。

2.5.3　优化危险废物鉴别与环境管理制度的衔接

针对因危险废物鉴别而新增危险废物代码的情况,制定简化的排污许可证、利用处置许可证及转移计划等变更手续的流程,缩短受理评估时间,适当地优化或减少变更手续环节,并设立手续变更绿色通道,从政策上推动危险废物鉴别工作的开展①。

---

① 吴晓霞,孙袭明,李根强,等.危险废物鉴别标准体系的发展与实践研究[J].再生资源与循环经济,2022,15(2):15-17.

第三章

固体废物危险特性鉴别程序及内容

危险废物鉴别是加强危险废物污染防治工作的重要保障措施,开展危险废物鉴别具有重要意义。危险废物鉴别需要根据《名录》,或按照《危险废物鉴别标准》《技术规范》等相关标准,判定固体废物的危险特性。本章针对危险废物鉴别工作程序和技术规范,分析了危险废物鉴别工作开展的具体技术要点和鉴别技术方法,从实践角度指导危险特性的鉴别工作。在此基础上,指出现有危险废物鉴别程序及工作开展存在的问题,提出针对性的完善建议。

3.1 危险废物鉴别程序

3.1.1 危险废物鉴别工作程序

在确定待鉴定的对象属于固体废物的前提下,可采用名录法、实验法(危险特性鉴别)和专家判定相结合的方式对固体废物进行鉴别。

鉴别过程中,首先使用名录法,即凡列入《名录》的固体废物,属于危险废物,不需要进行危险特性鉴别;对未列入《名录》,但又不排除具有危险特性的固体废物,则采用实验法,依据《危险废物鉴别标准》(GB 5085.1~6—2007)、《危险废物鉴别技术规范》(HJ 298—2019)(相关标准可用其编号表示)进行危险特性鉴别,凡具有一种或一种以上危险特性的固体废物,属于危险废物;对未列入《名录》且根据《危险废物鉴别标准》无法鉴别,但可能对人体健康或生态环境造成有害影响的固体废物,由国务院生态环境主管部门组织专家认定。具体程序如下:

（1）依据法律规定和 GB 34330，判断待鉴别的物品、物质是否属于固体废物，不属于固体废物的，则不属于危险废物。

（2）经判断属于固体废物的，则首先依据《名录》鉴别。凡列入《名录》的固体废物，属于危险废物。

（3）未列入《名录》，但不排除具有腐蚀性、毒性、易燃性、反应性的固体废物，依据 GB 5085.1、GB 5085.2、GB 5085.3、GB 5085.4、GB 5085.5 和 GB 5085.6，以及 HJ 298 进行鉴别。凡具有腐蚀性、毒性、易燃性、反应性中一种或一种以上危险特性的固体废物，属于危险废物。

（4）对未列入《名录》且根据《危险废物鉴别标准》无法鉴别，但可能对人体健康或生态环境造成有害影响的固体废物，由国务院生态环境主管部门组织专家认定。

具体鉴别程序如图 3.1-1 所示。

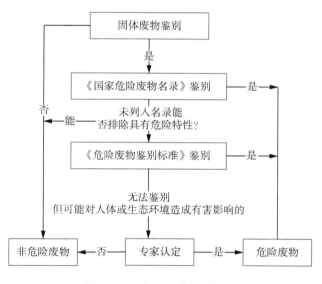

图 3.1-1　危险废物鉴别程序

3.1.2　危险废物鉴别工作流程

根据《关于加强危险废物鉴别工作的通知》（环办固体函〔2021〕419 号），我国危险废物鉴别工作程序分为如下五个步骤，具体流程见图 3.1-2。

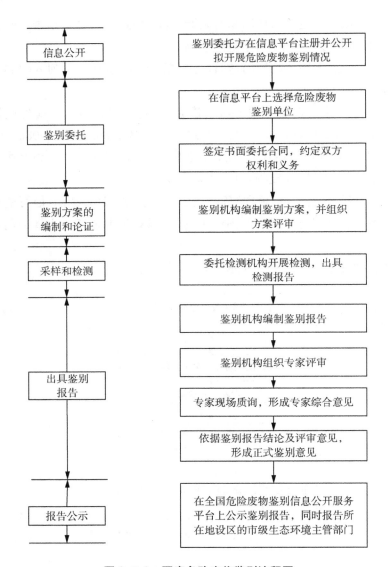

信息公开 ←→ 鉴别委托方在信息平台注册并公开拟开展危险废物鉴别情况

在信息平台上选择危险废物鉴别单位

鉴别委托 ←→ 签定书面委托合同，约定双方权利和义务

鉴别方案的编制和论证 ←→ 鉴别机构编制鉴别方案，并组织方案评审

采样和检测 ←→ 委托检测机构开展检测，出具检测报告

鉴别机构编制鉴别报告

鉴别机构组织专家评审

出具鉴别报告 ←→ 专家现场质询，形成专家综合意见

依据鉴别报告结论及评审意见，形成正式鉴别意见

报告公示 ←→ 在全国危险废物鉴别信息公开服务平台上公示鉴别报告，同时报告所在地设区的市级生态环境主管部门

图 3.1-2　国家危险废物鉴别流程图

（1）开展危险废物鉴别前，鉴别委托方应在信息平台注册并公开拟开展危险废物鉴别情况。鉴别委托方拟委托第三方开展危险废物鉴别的，应在信息平台上选择危险废物鉴别单位，并签订书面委托合同，约定双方权利和义务。

（2）危险废物鉴别单位应严格依据《名录》和《危险废物鉴别标准》（GB 5085.1~7）、《危险废物鉴别技术规范》（HJ 298）等国家规定的鉴别标准和鉴别方法开展危险废物鉴别。

（3）鉴别完成后，鉴别委托方应将危险废物鉴别报告和现场踏勘记录等其他相关资料上传至信息平台并向社会公开，同时报告鉴别委托方所在地设区的市级生态环境主管部门。鉴别报告和其他相关资料中涉及商业秘密的内容，可依法不公开，但应上传情况说明。

（4）对信息平台公开的危险废物鉴别报告存在异议的，可向鉴别委托方所在地省级危险废物鉴别专家委员会提出评估申请，并提供相关异议的理由和有关证明材料。省级危险废物鉴别专家委员会完成评估后，鉴别委托方应将评估意见及按照评估意见修改后的危险废物鉴别报告和其他相关资料上传至信息平台，再次向社会公开。

对省级危险废物鉴别专家委员会评估意见存在异议的，可向国家危险废物鉴别专家委员会提出评估申请，并提供相关异议的理由和有关证明材料。国家危险废物鉴别专家委员会完成评估后的意见作为危险废物鉴别的最终评估意见。鉴别委托方应将最终评估意见及修改后的相关资料上传至信息平台并再次向社会公开。

（5）危险废物鉴别报告在信息平台公开后 10 个工作日无异议的，或者按照省级危险废物鉴别专家委员会评估意见修改并在信息平台公开后 10 个工作日无异议的，或者按照最终评估意见修改并在信息平台再次公开的，鉴别结论作为鉴别委托方建设项目竣工环境保护验收、排污许可管理以及日常环境监管、执法检查和环境统计等固体废物环境管理工作的依据，同时作为国家危险废物名录动态调整的参考。

危险废物鉴别报告公开满 10 个工作日后，且未经国家危险废物鉴别专家委员会出具最终评估意见的，任何单位和个人仍可按《关于加强危险废物鉴别工作的通知》的规定对有异议的危险废物鉴别报告提出评估申请。

经鉴别属于危险废物的，产生固体废物的单位应严格按照危险废物相关法律制度要求管理。固体废物申报、危险废物管理计划等相关内容与鉴别结论不一致的，产生固体废物的单位应及时根据鉴别结论进行变更；根据鉴别结论，涉及污染物排放种类、排放量增加的，应依法重新申请排污许可证。

鉴别委托方应及时将鉴别结论及根据评估意见修改情况报告鉴别委托方所在地设区的市级生态环境主管部门。

3.1.3　危险废物鉴别工作内容

危险废物的鉴别技术工作包括：鉴别方案的编制和论证、采样和检测、鉴别报告的编制和论证等。具体危险废物鉴别工作内容如表 3.1-1 所示。

表 3.1-1　危险废物鉴别过程阶段性技术工作内容

阶段划分	具体工作内容
鉴别方案的编制和论证	鉴别机构对企业提供的初步资料进行分析,针对性地提出进一步的详细资料清单
	现场踏勘,采集初步分析样品,并就资料中可能存在的疑问与建设方进行面对面的沟通
	根据现场踏勘成果和进一步提供的资料,确定初步分析项目,委托具备计量认证的检测单位进行初步分析检测
	根据初步分析检测结果编制鉴别方案,初步确定所涉固体废物的产生源特性和危险废物特性鉴别检测的具体项目
	鉴别方案经企业确认后报送当地环保部门,组织召开方案专家论证会
	根据专家论证会意见对鉴别方案进行修改完善
采样和检测	根据修改后的鉴别方案,选择具有通过计量认证且具备相应固体废物危险特性检测能力和资质的检测机构进行检测委托
	检测机构遵循鉴别方案开展采样和检测工作,提供检测报告
鉴别报告的编制和论证	鉴别机构根据检测结果编制危险废物鉴别报告,组织召开鉴别报告专家论证会,根据专家论证会意见对鉴别报告进行修改完善

（1）鉴别方案的编制和论证

① 现场踏勘和初步采样

进行现场踏勘和资料对接,了解鉴别对象相关的具体情况,结合资料,分析待鉴别固体废物中可能含有的危险物质成分,确定初步采样监测的监测因子及采样方案,即可开展初步采样检测,此次采样检测一般取 1～2 个样品。初步检测的目的是为了更进一步准确判断鉴别固体废物中的主要污染物种类及成分。

② 编制鉴别方案

完成初步采样检测后,结合检测结果及前期分析,编制危险废物鉴别方案,形成系统的文字材料。危险废物鉴别方案的编制要点见 3.2.3.1 章节。

③ 专家论证

编制好的鉴别方案需要经过专家论证后才能最终确定下一阶段的采样监测方案。专家论证会一般由鉴别机构组织,由行业内的专家及当地生态环境主管部门领导、鉴别机构、委托单位参加,经专家论证会一致通过的鉴别方案可以进入下一步全面采样监测的程序。若是专家论证会上未通过鉴别方案,则需要根据专家的意见进行修改完善后,才能进行全面采样监测。

（2）全面采样检测

依据经专家会论证后的采样检测方案，安排第二次全面采样检测。此次检测一般是连续一个月进行采样，采样个数及规范依据《危险废物鉴别技术规范》（HJ 298—2019）等鉴别标准。监测因子主要是从反应性、易燃性、腐蚀性、浸出毒性、毒性物质含量、急性毒性等方面来确定相关的指标。

（3）编制鉴别报告

认真分析全面采样检测数据，按照鉴别规范编制鉴别报告，鉴别报告的编制要点见3.2.3.2章节。

（4）专家论证

鉴别报告编制完成后需要开专家论证会，最终确定所判定的固体废物是一般固体废物还是危险废物，若是确定为危险废物，则必须严格按照危险废物的要求来进行管理，若判定为一般固体废物，也需要提出后续的管理建议。鉴别报告专家论证会的人员、参与方等与鉴别方案的专家论证会基本相同。

3.2　危险废物鉴别技术要点

3.2.1　固体废物产生过程分析

在进行固体废物产生过程分析时，要对生产工艺流程、产污环节、生产所需原辅材料及主副反应产物等内容重点把握。

（1）分析生产工艺流程及产污环节，通过查阅建设项目环境影响评价（以下简称"环评"）文件、现场勘察等方式，分析生产工艺流程及产污环节。根据分析结果详细、准确地介绍待鉴别固体废物涉及的反应装置，绘制相应的工艺流程图，在流程图上标明涉及的产污环节。此处，未参与待鉴别固体废物产生的装置及产污环节可以不描述，减少不必要的分析过程。

（2）根据生产工艺，全面列出固体废物产生过程所涉原辅材料、主副反应生成物。准确描述上述所列物质的种类、消耗指标及来源，然后对所涉物质进行逐一分析。分析时，查询《危险化学品目录》、原辅料的相关产品标准及文献等相关资料，明确危险化学品分类信息及急性毒性数据，溯源原辅料可能引入待鉴别固体废物中的危害物质，深入分析原辅材料可能影响到待鉴别固体废物中的危险特性。

3.2.2 危险特性鉴别分析

进行固体废物危害特性初筛分析时,应通过各种技术手段,对待鉴别固体废物进行全面分析,逐一排除不可能存在的危险特性,排除时应尽可能采用相关实验数据作为排除依据。通常初筛时可按照反应性、易燃性、腐蚀性、浸出毒性、毒性物质含量、急性毒性等依次分析。

（1）反应性鉴别

主要分析待鉴别固体废物是否具有爆炸性、与酸或水接触是否产生易燃气体或有毒气体、是否含有废弃氧化剂或有机过氧化物。

① 爆炸性分析时,首先分析待鉴别物质是否具有爆炸性原子团,如果物质不含有爆炸性原子团,则不需要进行爆炸性试验测试,物质不具有爆炸性;如果物质含有爆炸性原子团,但分解热低于 500 J/g,放热分解温度低于 500 ℃,则也不需要进行爆炸性试验测试,物质不具有爆炸性。

② 分析与酸或水接触是否产生易燃气体或有毒气体,首先需要结合 X 射线荧光光谱仪（XRF）分析结果,分析待鉴别固体废物是否具有反应元素或基团,然后利用遇水放出易燃气体测试仪进一步测试放出易燃气体的反应速率,有毒气体的检测可以利用实验室相关仪器自制相关设备进行测试验证,通常碱金属、金属粉末、金属有机化合物、氰化物、离子型碳化物等遇水或酸可放出可燃气体,离子型磷化物、金属有机化合物、酸性腐蚀品、含有特征基团的盐类等遇水或酸混合后可放出有毒气体。

③ 废弃氧化剂和有机过氧化物本身不燃烧,但是由于具有氧化性,在外力作用下如受热等而容易释放出氧气及大量的热,增加了与其接触的可燃物发生火灾的危险性和剧烈程度。大多数氧化剂和液体酸类接触会发生剧烈反应,散发有毒气体。常见的氧化剂有过氧化钠、过氧化钾、过氧化镁、高锰酸钾、高氯酸盐、硝酸盐等。

（2）易燃性鉴别

结合待鉴别固体废物的物理状态,确定需要进一步测试的相关特征指标,利用闪点测试仪或固体燃烧速率测试仪进一步验证是否具有易燃性。

液态废物闪点温度低于 60 ℃时,则属于液态易燃性危险废物;在标准温度下因摩擦或自发性燃烧而起火,经点燃能剧烈而持续地燃烧并产生危害的固态废物,属于固态易燃性危险废物。剧烈而持续地燃烧是指将待测物质堆成长250 mm、宽 20 mm、高 10 mm 的样品带,在样品带的一端点燃待测物质,当样品燃烧到 80 mm 处开始计时,记录样品带燃烧到 180 mm 处时的燃烧时间,由此确定燃烧速率,当燃烧速率超过 2.2 mm/s 或 100 mm 样品带的燃烧时间小于 45 s,则认为待测固体物质具有易燃性。

气态易燃性危险废物是指贮存在密闭容器呈压缩状态或液态,通常在 20 ℃、101.3 kPa 状态下,与空气的混合物中体积分数≤13% 时可点燃的气体,或者在该状态下,不论易燃下限如何,与空气混合,易燃范围的易燃上限与易燃下限之差≥12% 的气体,均属于气态易燃性危险废物。常见的气态易燃性危险废物有甲烷、乙烷、丙烷、一氧化碳、氢气、乙炔等。

(3) 腐蚀性鉴别

分析腐蚀性时需采用 pH(氢离子浓度指数)和反应速率相结合的方式,对于固态、半固态的固体废物浸出液和水溶性液态废物,通常采用 pH 计测 pH 的方法进行判断,对于非水溶性的液态废物则需要采用旋转挂片腐蚀测试仪进一步测试反应速率。

(4) 浸出毒性初筛

目前我国鉴别标准中浸出毒性检测项目共 50 种。检测时,首先分别采用《固体废物 挥发性有机物的测定 顶空/气相色谱-质谱法》(HJ 643—2013)和《固体废物 半挥发性有机物的测定 气相色谱-质谱法》(HJ 951—2018)对待测样品挥发性有机物和半挥发性有机物进行初筛,对比《危险废物鉴别标准 浸出毒性鉴别》(GB 5085.3—2007)中挥发性有机物检测项目和非挥发性有机物检测项目,确定是否有需要进一步检测的项目。

然后分析反应原辅料的危险化学品分类结果及其急性毒性数据表、工艺可能引入的危害物质溯源表及原辅料的危害物质溯源结果,对比《危险废物鉴别标准 浸出毒性鉴别》(GB 5085.3—2007)中有机农药类的检测项目,确定是否具有需要检测的有机农药项目。采用《固体废物 22 种金属元素的测定 电感耦合等离子体发射光谱法》(HJ 781—2016)测定样品及浸出液中无机元素含量,采用《水质 烷基汞的测定 气相色谱法》(GB/T 14204—93)测定浸出液中烷基汞的含量,对比《危险废物鉴别标准 浸出毒性鉴别》(GB 5085.3—2007)中无机元素及化合物检测项目确定是否具有需要检测的相关项目。

(5) 毒性物质含量初筛

按照规定,毒性物质含量鉴别主要是分析待鉴别物质中是否具有《危险废物鉴别标准 毒性物质含量鉴别》(GB 5085.6—2007)附录 A~F 中所规定的剧毒物质、有毒物质、致癌性物质、致突变性物质、生殖毒性物质和持久性有机污染物。

分析时主要是根据企业生产工艺检测待鉴别样品中无机元素、挥发性及半挥发性有机物，同时要注重分析反应原辅料的危险化学品分类结果及其急性毒性数据表、工艺可能引入的危害物质溯源表及原辅料的危害物质溯源结果等相关支撑资料，然后对比《危险废物鉴别 毒性物质含量鉴别》中剧毒物质名录、有毒物质名录、致癌性物质名录、致突变性物质名录、生殖毒性物质名录及持续性有机污染物名录，进一步确定待鉴别物质中是否含有需要鉴别分析的项目指标。发现确定有需要鉴别分析的项目指标时，严格按照毒性物质含量判断标准进行判断。

同时，《危险废物鉴别技术规范》(HJ 298—2019)中规定：在进行毒性物质含量危险特性判断时，当同一种毒性成分在一种以上毒性物质中存在时，以分子量最高的物质进行计算和结果判断。此处的"分子量最高"原则上应当指的是摩尔当量的目标元素对应的分子量最高，以待鉴别物质中出现镍元素为例，镍元素通常以羰基镍、次硫化镍、二氧化镍、硫化镍、三氧化二镍、一氧化镍等形式出现在《危险废物鉴别 毒性物质含量鉴别》附录 A 和 C 中，假如测定 1 g 固体物质中含有镍元素为 0.647 1 mg，则含有 1 mg 硫化镍，硫化镍的总含量占 0.1%，如果换算为三氧化二镍的含量为 0.91 mg，三氧化二镍的总含量占 0.091%，按照《危险废物鉴别标准 毒性物质含量鉴别》中"4.3 含有本标准附录 C 中的一种或一种以上致癌性物质的总含量≥0.1%"，满足上述要求即为危险废物，此时如果按照三氧化二镍计算则不是危险废物，反之以硫化镍计算则为危险废物。因此，虽然三氧化二镍的分子量大于硫化镍，但是硫化镍的摩尔当量分子量(90.77)要大于三氧化二镍(82.7)，所以"分子量最高"应当指的是目标元素对应的化合物的摩尔当量分子量最高。

（6）急性毒性初筛

急性毒性初筛参数通常包括口服毒性半数致死量 LD_{50}、皮肤接触毒性半数致死量 LD_{50}、吸入毒性半数致死浓度 LC_{50}。鉴别时，首先要根据待鉴别物质的具体性质判断选择何种初筛参数，如果待鉴别物质可能分布、迁移到饮水和食物中，通过动物消化系统进入体内，则选择口服毒性半数致死量 LD_{50} 作为初筛参数；如果待鉴别物质容易通过蒸气、烟雾或粉尘等形式吸入人体，则选择吸入毒性半数致死浓度 LC_{50} 作为初筛参数；一般情况下皮肤是肌体与外界环境隔离的良好屏障，对环境污染物通透性较弱，因此皮肤不是主要的暴露途径，通常不选择皮肤接触毒性半数致死量 LD_{50} 作为初筛参数。

3.2.3　鉴别方案和报告编制

3.2.3.1　鉴别方案编制要点

在开展鉴别工作前编制鉴别方案，并组织专家对鉴别方案进行技术论证。鉴别方案应包括但不限于以下内容：

① 前言。包括鉴别委托方概况、鉴别目的和技术路线。

② 鉴别对象概况。包括鉴别对象产生过程的详细描述、与鉴别对象危险特性相关的生产工艺、原辅材料及特征污染物分析。

③ 固体废物属性判断。包括鉴别对象是否属于固体废物的判断及依据、鉴别对象是否属于国家危险废物名录中废物的判断和依据等。

④ 危险特性识别和筛选。包括鉴别对象危险特性的识别和危险特性鉴别检测项目筛选的判断和依据。

⑤ 采样工作方案。包括采样技术方案、组织方案和质量控制措施。

⑥ 检测工作方案。包括检测技术方案、组织方案和质量控制措施。

⑦ 检测结果的判断标准和判断方法。

鉴别方案具体章节设置及编制要点如下：

（1）任务由来及鉴别目的

① 委托方概况：基本信息、所属行业、地理位置、生产规模等。

② 鉴别目的：包括鉴别对象及环评定性、鉴别目的，简述鉴别对象基本情况，现有处置方式和鉴别后计划的处置方式等。

③ 环评批复及环保验收情况介绍。

（2）鉴别依据

依据相关国家法律、标准及技术规范等。

（3）鉴别程序

根据《危险废物鉴别标准 通则》要求确定鉴别程序。

（4）危险废物的鉴别规则

根据危险废物和一般固体废物的区别，分别确定混合后判定规则、处理后判定规则及固体废物样品检测后判定规则。

（5）固体废物属性判定

根据《固体废物鉴别标准 通则》的规定，判断被鉴别物是否属于固体废物，说明判定依据。

（6）固体废物的产生过程分析

对照相关资料,通过现场勘测、类比、物料衡算等手段,核实企业产品方案、生产工艺、固体废物产生的实际情况、主要原辅材料及其理化性质等;分析产生待鉴别废物过程中的污染物迁移,特别要做好最不利工况条件下的固体废物产生过程分析。主要包括以下几方面:

① 固体废物产生的前端生产供应流程及产污环节,主要包括生产工艺流程、原辅材料消耗情况及理化毒理性质、主要生产设备、污染因子及水平衡等。

② 固体废物的产生过程分析。以废水处理污泥为例,重点叙述废水产生环节及产生量、废水处理工艺流程、各工段处理效率、废水处理站工程平面图及各工艺单位现场图片。

③ 固体废物的产生量。重点叙述固体废物的产生环节、固体废物的表观性状、环评中预计的产生量、实际产生量等,需附最近一年来该固体废物的月平均产生量一览表。

（7）危险废物属性初筛

对照《名录》,确定被鉴别物是否列入其中。

① 列入《名录》的,则属于危险废物,可终止鉴别并出具鉴别报告。

② 未列入《名录》的,且经综合分析产生环节和主要成分,不可能具有危险特性的,则不属于危险废物,可终止鉴别并出具鉴别报告。

（8）固体废物危险特性的初步判别及识别依据

① 可以排除的危险特性:对照危险废物相关鉴别标准,经综合分析,确定不具备危险特性的类别,对该鉴别标准中的相应鉴别类别可不进行检测,但必须逐项详细说明理由。

② 危险特性的初步分析:编制方案前,需现场踏勘并现场取样 $1\sim2$ 份进行腐蚀性 pH 测定及固体废物中无机元素和有机物等特征污染物的定性检测。

③ 需鉴别后确定的危险特性:根据检测结果并结合原辅料中物质成分的分析,对照危险废物相关鉴别标准确定需经过鉴别后才能确定的危险特性。

（9）样品采集

① 采样对象的确定;

② 份样数的确定;

③ 份样量的确定;

④ 采样技术方案的确定;

⑤ 采样组织方案的确定;

⑥ 制样、样品的保存和预处理。

（10）样品鉴别

根据被鉴别对象的初步判别情况，结合废物的来源、产生过程和原辅材料等情况，确定危险特性中的具体检测项目、标准限值、检测方法及检测质控措施等。

（11）鉴别结果的判别标准

被鉴别对象在完成相关检测或试验后就超标份样数进行危险特性的判别。

（12）方案编制说明

阐述鉴别方案编制的前提条件或限定要求，包括其他需要说明的问题。

（13）附件

① 环评中对鉴别对象的定性描述复印件（加盖公章）；

② 环评批复及环保验收复印件；

③ 关于近一年来固体废物产生量的统计说明；

④ 初筛定性检测说明材料；

⑤ 鉴别方案专家论证会意见；

⑥ 专家论证会意见修改说明；

⑦ 其他需另附的相关文件。

（14）其他

鉴别方案应单独附页说明编制单位基本情况，包括如下内容：

① 项目名称

② 编制单位或机构名称和地址（加盖单位公章）；

③ 技术负责人、项目负责人、项目参与人员、联系方式；

④ 编制时间。

3.2.3.2　鉴别报告编制要点

鉴别报告是在方案基础上增加相关检测结果与分析等内容后形成的。鉴别报告中须对申请鉴别固体废物作出是否属于危险废物的判断，危险废物鉴别报告包括正文和附件。其中，正文应包括但不限于以下内容：

① 基本情况。包括鉴别委托方概况、鉴别目的和技术路线、鉴别对象概况等。

② 工作过程。包括鉴别方案简述、鉴别方案论证及修改情况、采样检测过程。

③ 综合分析。包括检测数据分析、检测结果判断和依据。

④ 结论与建议。根据检测结果,依据危险废物鉴别相关标准和规范,对鉴别对象是否属于危险废物做出结论,提出后续环境管理建议。

⑤ 附件。包括鉴别方案、采样记录和检测报告、技术论证意见、检验检测机构相关资质等材料,具体内容根据危险废物鉴别工作情况确定。

3.3 固体废物属性鉴别

3.3.1 固体废物鉴别标准概述

固体废物种类繁多、性质复杂,固体废物鉴别是确定固体废物和非固体废物管理界限的方法和手段,是各级生态环境部门实施环境管理的重要依据。之前我国固体废物鉴别依据主要是 2006 年制定的《固体废物鉴别导则(试行)》(以下简称《导则》),其主要内容包括固体废物定义、范围以及固体废物与非固体废物的鉴定等,在我国固体废物鉴别和管理中发挥了重要作用,尤其是在打击非法进口废物以及违法处理处置固体废物方面发挥着重要的技术支持作用。

随着固体废物管理工作的深入开展,需要鉴别机构鉴别的固体废物种类越来越多,《导则》鉴别应用中逐渐显现出诸多弊端,难以满足当前环境管理工作的需要,因此,为了统一各个检验机构或鉴别机构鉴别固体废物的尺度,保证鉴别质量和鉴别结果的公正和可靠,2017 年,环境保护部与国家质量监督检验总局联合发布《固体废物鉴别标准 通则》(GB 34330—2017)。该标准是我国首次制定的关于固体废物的鉴别标准,具有强制执行的效力。

该标准在《导则》基础上进一步明确了固体废物的判定原则、程序和方法。我国固体废物产生量 90% 以上的固体种类都能在该标准中找到,操作性强。实施该标准将带来良好的环境效益,主要表现在:

(1) 标准实施有利于危险废物的鉴别。固体废物鉴别是危险废物鉴别的前提,在危险废物鉴别之前,首先必须进行固体废物鉴别,如果一个物质不属于固体废物,那么它就不属于危险废物。实施该标准有利于强化固体废物的管理,将有效阻止固体废物特别是危险废物的不合法利用,减少环境风险。

(2) 标准实施有利于进口废物管理。我国对固体废物实行限制进口的管理政策,在口岸固体废物进口管理中,很多时候需要对是否属于国家禁止进口的固体废物进行专门的鉴别,该标准作为控制境外固体废物进入我国的重要手段,对加强进口固体废物管理、构建及维护固体废物进口的正常贸易秩序以及保障我国生态环境安全发挥重要作用。

（3）实施标准有利于进一步明确固体废物管理对象。该标准明确了工业生产过程中产生的副产物、副产品以及利用固体废物生产的产物是否属于固体废物的定义、鉴别原则和方法。

（4）实施该标准可促进固体废物资源化再生和生态循环技术的发展，提高固体废物综合利用和处置效率，使其向综合利用产品转换更通畅。例如，金属矿、非金属矿和煤炭采选过程中直接留在或返回采空区的符合《一般工业固体废物贮存和填埋污染控制标准》中第Ⅰ类一般工业固体废物要求的采矿废石、尾矿和煤矸石不按固体废物进行管理；促使高炉渣、钢渣、粉煤灰、锅炉渣、煤矸石、尾矿等固体废物作为建材原料使用，减少堆存量。

3.3.2　依据产生来源的固体废物鉴别

依据产生源明确固体废物种类，具体包括了丧失原有使用价值的物质、生产过程中产生的副产物以及在环境治理和污染控制过程中产生的物质，其中明确了固体废物与污染土壤的界限。

丧失原有使用价值的物质，主要包括：在生产过程中产生的因为不符合国家、地方制定或行业通行的产品标准（规范），或者因为质量原因，而不能在市场出售、流通或者不能按照原用途使用的物质，如不合格品、残次品、废品等；因为超过质量保证期，而不能在市场出售、流通或者不能按照原用途使用的物质；因丧失原有功能而无法继续使用的物质；执法机关查处没收的需报废、销毁等无害化处理的物质，包括（但不限于）假冒伪劣产品、侵犯知识产权产品、毒品等禁用品等。

生产过程中产生的副产物，包括以下种类：产品加工和制造过程中产生的下脚料、边角料、残余物质等；在物质提取、提纯、电解、电积、净化、改性、表面处理、合成、裂解、分馏、蒸馏、溶解、沉淀以及其他处理过程中产生的残余物质；金属矿、非金属矿和煤炭开采、选矿过程中产生的废石、尾矿、煤矸石等；石油、天然气、地热开采过程中产生的钻井泥浆、废压裂液、油泥或油泥砂、油脚和油田溅溢物等；在设施设备维护和检修过程中，从炉窑、反应釜、反应槽、管道、容器以及其他设施设备中清理出的残余物质和损毁物质；在建筑、工程等施工和作业过程中产生的报废料、残余物质等建筑废物；畜禽和水产养殖过程中产生的动物粪便、病害动物尸体；农业生产过程中产生的作物秸秆、植物枝叶等农业废物；教学、科研、生产、医疗等实验过程中产生的动物尸体等实验室废弃物质等。

环境治理和污染控制过程中产生的物质,包括以下种类:烟气和废气净化、除尘处理过程中收集的烟尘、粉尘,包括粉煤灰;烟气脱硫产生的脱硫石膏和烟气脱硝产生的废脱硝催化剂;煤气净化产生的煤焦油;烟气净化过程中产生的副产硫酸或盐酸;水净化和废水处理产生的污泥及其他废弃物质;废水或废液(包括固体废物填埋场产生的渗滤液)处理产生的浓缩液;化粪池污泥、厕所粪便;固体废物焚烧炉产生的飞灰、底渣等灰渣;堆肥生产过程中产生的残余物质;绿化和园林管理中清理产生的植物枝叶;河道、沟渠、湖泊、航道、浴场等水体环境中清理出的漂浮物和疏浚污泥;烟气、臭气和废水净化过程中产生的废活性炭、过滤器滤膜等过滤介质;在污染地块修复、处理过程中,采用填埋、焚烧、水泥窑协同处置或生产砖、瓦、筑路材料等其他建筑材料等任何一种方式处置或利用的污染土壤;在其他环境治理和污染修复过程中产生的各类物质。

3.3.3　利用和处置过程中的固体废物鉴别

利用和处置过程中的固体废物鉴别明确了固体废物在其利用和处置过程中的管理属性,同时提出固体废物与其综合利用产品的界限标准。

固体废物利用或处置时,仍然作为固体废物管理的情形:以土壤改良、地块改造、地块修复和其他土地利用方式直接施用于土地或生产施用于土地的物质(包括堆肥),以及生产筑路材料;焚烧处置(包括获取热能的焚烧和垃圾衍生燃料的焚烧),或用于生产燃料,或包含于燃料中;填埋处置;倾倒、堆置;国务院生态环境主管部门认定的其他处置方式。

利用固体废物生产的产物可以不作为固体废物管理,按照相应的产品管理的情形:符合国家、地方制定或行业通行的被替代原料生产的产品质量标准;符合相关国家污染物排放(控制)标准或技术规范要求,包括该产物生产过程中排放到环境中的有害物质限值和该产物中有害物质的含量限值;当没有国家污染控制标准或技术规范时,该产物中所含有害成分含量不高于利用被替代原料生产的产品中的有害成分含量,并且在该产物生产过程中,排放到环境中的有害物质浓度不高于利用所替代原料生产产品过程中排放到环境中的有害物质浓度,当没有被替代原料时,不考虑该条件;有稳定、合理的市场需求。

3.3.4　不作为固体废物管理的物质的鉴别

不作为固体废物管理的物质的情形:任何不需要修复和加工即可用于其原始用途的物质,或者在产生点经过修复和加工后满足国家、地方制定或行业通行的产品质量标准并且用于其原始用途的物质;不经过贮存或堆积过程,而在现场直接返回到原生产过程或返回其产生过程的物质;修复后作为土壤用途使用的污染土壤;供实验室化验分析用或科学研究用固体废物样品。

处置后的物质不作为固体废物管理的情形:金属矿、非金属矿和煤炭采选过程中直接留在或返回到采空区的符合《一般工业固体废物贮存和填埋污染控制标准》中第Ⅰ类一般工业固体废物要求的采矿废石、尾矿和煤矸石,但是带入除采矿废石、尾矿和煤矸石以外的其他污染物质的除外;工程施工中产生的按照法规要求或国家标准要求就地处置的物质;国务院生态环境主管部门认定不作为固体废物管理的物质。

3.3.5　液态废物与固体废物管理的区分

明确了不作为液态废物管理的物质以及作为固体废物管理的液态废物与废水的区分标准。

满足以下管理要求的液态废物不作为固体废物管理:满足相关法规和排放标准要求可排入环境水体或者市政污水管网和处理设施的废水、污水;经过物理处理、化学处理、物理化学处理和生物处理等废水处理工艺处理后,可以满足向环境水体或市政污水管网和处理设施排放的相关法规和排放标准要求的废水、污水;废酸、废碱中和处理后产生的满足相关法规和排放标准要求可排入环境水体或者市政污水管网和处理设施的废水、污水或满足向环境水体或市政污水管网和处理设施排放的相关法规和排放标准要求的废水、污水。

3.4　危险废物名录鉴别

3.4.1　危险废物名录概述

《名录》是危险废物管理的技术基础和关键依据,在危险废物的环境管理中发挥着重要作用。我国于 1998 年首次印发实施《名录》;2008 年,环境保护部会同国家发改委修订发布《名录》;2016 年,环境保护部会同国家发改委等部门再次修订发布《名录》。为落实新修订的《固废法》关于"国家危险废物名录应当动态修订"等规定,生态环境部会同国家发改委等部门对《名录》进行了再次修订。新修订的《名录》已于 2020 年 11 月 5 日经生态环境部部务会议审议通过,自2021 年 1 月 1 日起施行。

此次《名录》修订工作是贯彻落实习近平总书记关于精准治污、科学治污、依法治污的重要指示精神的具体行动，也是落实新修订的《固废法》的具体举措，对加强危险废物污染防治、保障人民群众身体健康具有重要意义。在环境风险可控的前提下，《名录》（2021 年版）的修订在促进危险废物利用、降低企业危险废物管理和处置成本等方面进一步发力，是支持做好"六稳"工作、落实"六保"任务的具体举措。

在环境效益方面，修正了有关废物界定不清晰或描述不准确等问题，有利于提高我国危险废物精细化环境管理水平和环境风险防范能力。

在社会效益方面，对社会广泛关注的医疗废物、铝灰等进行了修订，有效缓解社会普遍反映的相关危险废物利用处置途径不畅问题，进一步落实了"放管服"改革要求。

在经济效益方面，精确表述有关危险废物，避免没有危险特性的废物被纳入《名录》；新增豁免一批危险废物，促进危险废物利用，进一步降低企业危险废物管理和处置成本。

3.4.2　危险废物名录鉴别内容

《名录》由正文、附表和附录三部分构成。其中，正文规定原则性要求，附表规定具体危险废物种类、名称和危险特性等，附录规定危险废物豁免管理要求。

具有下列情形之一的固体废物（包括液态废物），按照危险废物进行管理：

具有毒性、腐蚀性、易燃性、反应性或者感染性一种或者几种危险特性的；不排除具有危险特性，可能对生态环境或者人体健康造成有害影响，需要按照危险废物进行管理的。

列入该名录附录《危险废物豁免管理清单》中的危险废物，在所列的豁免环节，且满足相应的豁免条件时，可以按照豁免内容的规定实行豁免管理。

危险废物与其他物质混合后的固体废物，以及危险废物利用处置后的固体废物的属性判定，按照国家规定的危险废物鉴别标准执行。

对不明确是否具有危险特性的固体废物，应当按照国家规定的危险废物鉴别标准和鉴别方法予以认定。经鉴别具有危险特性的，属于危险废物，应当根据其主要有害成分和危险特性确定所属废物类别，并按代码"900-000-××"（××为危险废物类别代码）进行归类管理。经鉴别不具有危险特性的，不属于危险废物。

《名录》涉及的主要术语含义如下：

（1）废物类别，是在《巴塞尔公约》划定的类别基础上，结合我国实际情况对危险废物进行的分类。

（2）行业来源，是指危险废物的产生行业。

（3）废物代码，是指危险废物的唯一代码，为8位数字。其中，第1～3位为危险废物产生行业代码[依据《国民经济行业分类》（GB/T 4754—2017）确定]，第4～6位为危险废物顺序代码，第7～8位为危险废物类别代码。

（4）危险特性，是指对生态环境和人体健康具有有害影响的毒性（Toxicity，T）、腐蚀性（Corrosivity，C）、易燃性（Ignitability，I）、反应性（Reactivity，R）和感染性（Infectivity，In）。

3.4.3　危险废物名录鉴别要点

《名录》（2021年版）调整了正文、附表和附录，鉴别要点分析如下：

（1）明确医疗废物和废弃危险化学品管理属性

医疗废物不再简单地归类为危险废物，在该名录附表中列出医疗废物有关种类，且规定"医疗废物分类按照《医疗废物分类目录》执行"。删掉了第三条"医疗废物属于危险废物"和第四条"列入《危险化学品目录》的化学品废弃后属于危险废物"。

《危险化学品目录》中危险化学品并不是都具有环境危害特性，废弃危险化学品不能简单等同于危险废物，例如"液氧""液氮"等是仅具有"加压气体"物理危险性的危险化学品。此次修订将附表中"900-999-49"类危险废物的表述修改为"被所有者申报废弃的，或未申报废弃但被非法排放、倾倒、利用、处置的，以及有关部门依法收缴或接收且需要销毁的列入《危险化学品目录》的危险化学品（不含该目录中仅具有'加压气体'物理危险性的危险化学品）"。从生产者责任、管理环节和监管职责交接上明确了废弃危险化学品和危险废物的界限。

（2）完善危险废物的类别、行业来源、危险特性

新版《名录》共计纳入467种危险废物，较旧版减少了12种。新版《名录》对危险废物的类别、行业来源、危险特性进一步完善。一是旧版《名录》中部分危险废物归类不清，将如将废物代码为"321-101-22"的"常用有色金属冶炼"调整到"HW48有色金属冶炼"并相应调整危险废物代码；二是根据最新《国民经济行业分类》（GB/T 4754—2017），调整了附表中4处行业来源，如将"橡胶生产过程中产生的废溶剂油"由"非特定行业"调整为"橡胶制品业"；三是依据《危险废物鉴别技术规范》（HJ 298—2019），对部分危险废物的危险特性进行了调整，删除了

危险特性较小、环境风险可控的固体废物。

（3）修改豁免管理清单

修改生活垃圾中危险废物豁免管理规定。根据目前我国生活垃圾分类试点工作实际情况，修订了生活垃圾中危险废物收集过程的豁免条件，为相关部门开展生活垃圾中危险废物的分类收集活动消除管理制度的障碍。

本次《名录》修订充分吸取新冠肺炎疫情期间医疗废物管理工作经验，在风险可控前提下，完善了疫情医疗废物豁免管理规定，规范了疫情期间医疗废物应急处置管理。一是感染性废物、损伤性废物和病理性废物（人体器官除外），按照《医疗废物高温蒸汽集中处理工程技术规范（试行）》等要求进行处理后，新增加对运输过程实施豁免管理；二是重大传染病疫情间产生的医疗废物，按事发地的县级以上人民政府确定的处置方案进行运输和处置，对运输和处置过程实施豁免管理。

细化农药废弃包装物作为危险废物概念，依据《农药包装废弃物回收处理管理办法》相关规定，明确了农药废弃包装物在收集、运输、利用等环节豁免管理规定，并新增处置环节豁免管理规定。

删除了"由危险化学品、危险废物造成的突发环境事件及其处理过程中产生的废物"豁免环节管理规定。结合当下突发环境事件频发情况，新增了突发环境事件产生的危险废物，以及历史遗留危险废物的豁免管理规定。

危险废物种类繁多，利用方式多样，难以逐一作出规定，需要各地结合实际实行更灵活的利用豁免管理，进一步推动危险废物利用。因此，新版《名录》豁免管理清单中新增"在环境风险可控的前提下，根据省级生态环境部门确定的方案，实行危险废物'点对点'定向利用，即：一家单位产生的一种危险废物，可作为另外一家单位环境治理或工业原料生产的替代原料进行使用"。

新版《目录》豁免清单中新增 16 个种类危险废物，豁免的危险废物共计达到32 个种类。

3.5 危险废物标准鉴别

3.5.1 危险废物鉴别标准概述

国家危险废物鉴别标准规定了固体废物危险特性技术指标，危险特性符合标准规定的技术指标的固体废物属于危险废物，须依法按危险废物进行管理。

国家危险废物鉴别标准由以下 7 个标准组成：

　　•《危险废物鉴别标准 通则》(GB 5085.7—2019)(以下简称《通则》)

　　•《危险废物鉴别标准 腐蚀性鉴别》(GB 5085.1—2007)(以下简称《腐蚀性鉴别》)

　　•《危险废物鉴别标准 急性毒性初筛》(GB 5085.2—2007)(以下简称《急性毒性初筛》)

　　•《危险废物鉴别标准 浸出毒性鉴别》(GB 5085.3—2007)(以下简称《浸出毒性鉴别》)

　　•《危险废物鉴别标准 易燃性鉴别》(GB 5085.4—2007)(以下简称《易燃性鉴别》)

　　•《危险废物鉴别标准 反应性鉴别》(GB 5085.5—2007)(以下简称《反应性鉴别》)

　　•《危险废物鉴别标准 毒性物质含量鉴别》(GB 5085.6—2007)(以下简称《毒性物质含量鉴别》)

　　危险废物鉴别标准对规范危险废物鉴别和环境管理工作发挥了重要作用。《通则》规定了危险废物鉴别的程序和判别规则,是危险废物鉴别标准体系的基础,首次发布于 2007 年,2019 年由生态环境部进行了修订。

　　《腐蚀性鉴别》是国家危险废物鉴别标准的组成部分,1996 年首次发布,2007 年进行了修订,明确了固体废物 pH、钢材腐蚀的鉴别标准及检测方法。

　　《急性毒性初筛》是国家危险废物鉴别标准的组成部分,1996 年首次发布,2007 年进行了修订,明确了用《化学品测试导则》中指定的急性经口毒性试验、急性经皮毒性试验和急性吸入毒性试验方法和鉴别标准。

　　《浸出毒性鉴别》是国家危险废物鉴别标准的组成部分,1996 年首次发布,2007 年进行了修订,规定了以浸出毒性为特征的危险废物鉴别标准,适用于任何生产、生活和其他活动中产生固体废物的浸出毒性鉴别,明确了 50 项浸出毒性的无机、有机类化合物的鉴别标准及检测方法。

　　《易燃性鉴别》是国家危险废物鉴别标准的组成部分,2007 年发布,规定了易燃性危险废物的鉴别标准,适用于任何生产、生活和其他活动中产生的固体废物的易燃性鉴别。

　　《反应性鉴别》是国家危险废物鉴别标准的组成部分,2007 年发布,规定了反应性危险废物的鉴别标准,适用于任何生产、生活和其他活动中产生的固体废物的反应性鉴别。

《毒性物质含量鉴别》是国家危险废物鉴别标准的组成部分,2007年发布,规定了含有毒性、致癌性、致突变性和生殖毒性物质的危险废物鉴别标准,适用于任何生产、生活和其他活动中产生的固体废物的毒性物质含量鉴别。明确了剧毒物质、有毒物质、致癌性物质、致突变性物质等鉴别标准及检测方法。

3.5.2 危险废物鉴别规则

危险废物混合后判定规则:具有毒性、感染性中一种或两种危险特性的危险废物与其他物质混合,导致危险特性扩散到其他物质中,混合后的固体废物属于危险废物。仅具有腐蚀性、易燃性、反应性中一种或一种以上危险特性的危险废物与其他物质混合,混合后的固体废物经鉴别不再具有危险特性的,不属于危险废物。危险废物与放射性废物混合,混合后的废物应按照放射性废物管理。

危险废物利用处置后判定规则:仅具有腐蚀性、易燃性、反应性中一种或一种以上危险特性的危险废物利用过程和处置后产生的固体废物,经鉴别不再具有危险特性的,不属于危险废物。具有毒性危险特性的危险废物利用过程产生的固体废物,经鉴别不再具有危险特性的,不属于危险废物。除国家有关法规、标准另有规定的外,具有毒性危险特性的危险废物处置后产生的固体废物,仍属于危险废物。除国家有关法规、标准另有规定的外,具有感染性危险特性的危险废物利用处置后,仍属于危险废物。

3.5.3 采样对象的确定

生产过程中产生的《固体废物鉴别标准 通则》(GB 34330—2017)规定的丧失原有使用价值的固体废物:根据固体废物的产生源进行分类采样,每类物质作为一类固体废物,分别采样鉴别;生产原辅料、工艺路线、产品均相同的两个或两个以上生产线,可以采集单条生产线产生的固体废物代表该类固体废物;禁止将不同产生源的固体废物混合。

生产过程(含固体废物利用、处置过程)产生的《固体废物鉴别标准 通则》(GB 34330—2017)所规定的副产物:应根据产生工艺节点确定固体废物类别,每类固体废物分别采样鉴别;在该固体废物从正常生产工艺或利用工艺中分离出来的工艺环节采样;在生产设施、设备、原辅材料和生产负荷稳定的生产期采样。

环境治理和污染控制过程中产生的物质:应在污染控制设施污染物来源、设施运行负荷和效果稳定的生产期采样;应根据环境治理和污染控制工艺流程,对不同工艺环节产生的固体废物分别进行采样。

固体废物为生产和服务设施更换或拆除的固定式容器、反应容器和管道,粉状、半固态、液体产品使用后产生的包装物或容器,以及产品维修或产品类废物拆解过程产生的粉状、半固态、液体物料的盛装容器,采样对象应为容器中的内容物,每类内容物作为一类固体废物,分别采样。

水体环境、污染地块治理与修复过程产生的,需要按固体废物进行处理处置的水体沉积物及污染土壤等环境介质,应尽可能在未发生二次扰动的情况下,根据水体、污染地块污染物的扩散特征和环境调查结果,对不同污染程度的环境介质进行分类采样。

需要开展危险废物鉴别的建筑废物,应尽可能在拆除、清理之前或过程中,根据建筑物的组成和污染特性进行分类,分别采样。

3.5.4　危险废物鉴别方法

3.5.4.1　份样数的确定

(1)危险废物鉴别需根据待鉴别固体废物的质量确定采样份样数。堆存状态的固体废物,应以堆存的固体废物总量为依据。按照表3.5-1确定需要采集的最小份样数。

表 3.5-1　固体废物采集最小份样数

固体废物质量(以 q 表示)(t)	最小份样数(个)
$q \leqslant 5$	5
$5 < q \leqslant 25$	8
$25 < q \leqslant 50$	13
$50 < q \leqslant 90$	20
$90 < q \leqslant 150$	32
$150 < q \leqslant 500$	50
$500 < q \leqslant 1\ 000$	80
$q > 1\ 000$	100

生产工艺过程中产生的固体废物质量的确定,以生产设施自试生产以来的实际最大生产负荷时的固体废物产生量或固体废物产生量最大的单条生产线最大产生量为依据。

① 连续产生固体废物时,以确定的工艺环节一个月内的固体废物产生量为

依据,如果连续产生时段小于一个月,则以一个产生时段内的固体废物产生量为依据。

② 间歇产生固体废物时,如固体废物产生的时间间隔小于或等于一个月,应以确定的工艺环节一个月内的固体废物最大产生量为依据。如固体废物产生的时间间隔大于一个月,以每次产生的固体废物总量为依据。

（2）不根据固体废物的产生量确定采样份样数的情形

鉴别样品符合《固体废物鉴别标准 通则》(GB 34330—2017)规定的丧失原有使用价值的固体废物、废包装物和容器中的内容物,可适当减少采样份样数,每类固体废物份样数不少于 2 个。

固体废物为废水处理污泥,如废水处理设施的废水的来源、类别、排放量、污染物含量稳定,可适当减少采样份样数,份样数不少于 5 个。

固体废物来源于连续生产工艺,且设施长期运行稳定、原辅材料类别和来源固定,可适当减少采样份样数,份样数不少于 5 个。

贮存于贮存池、不可移动大型容器、槽罐车内的液态废物,可适当减少采样份样数。敞口贮存池和不可移动大型容器内液态废物采样份样数不少于 5 个;封闭式贮存池、不可移动大型容器和槽罐车,如不具备在卸除废物过程中采样,采样份样数不少于 2 个。

贮存于可移动的小型容器(容积≤1 000 L)中的固体废物,当容器数量少于根据表 3.5-1 所确定的最小份样数时,可适当减少采样份样数,每个容器采集 1 个固体废物样品。

固体废物非法转移、倾倒、贮存、利用、处置等环境事件涉及固体废物的危险特性鉴别,因环境事件处理或应急处置要求,可适当减少采样份样数,每类固体废物的采样份样数不少于 5 个。

水体环境、污染地块治理与修复过程中产生的,需要按照固体废物进行处理处置的水体沉积物及污染土壤等环境介质,以及突发环境事件及其处理过程中产生的固体废物,如鉴别过程已经根据污染特征进行分类,可适当减少采样份样数,每类固体废物的采样份样数不少于 5 个。

3.5.4.2 采样的时间和频次

（1）连续产生。样品应分次在一个月(或一个产生时段)内等时间间隔采集;每次采样在设备稳定运行的 8 h(或一个生产班次)内完成。每采集一次,作为 1 个份样。

（2）间歇产生。根据确定的工艺环节一个月内的固体废物的产生次数进行采样：如固体废物产生的时间间隔大于一个月，仅需要选择一个产生时段采集所需的份样数；如一个月内固体废物的产生次数大于或者等于所需的份样数，遵循等时间间隔原则在固体废物产生时段采样，每次采集 1 个份样；如一个月内固体废物的产生次数小于所需的份样数，将所需的份样数均匀分配到各产生时段采样。

3.5.4.3 采样方法

固体废物采样工具、采样程序、采样记录和盛样容器参照《工业固体废物采样制样技术规范》（HJ/T 20—1998）（以下简称"HJ/T 20"）的要求进行，固体废物采样安全措施参照《工业用化学产品采样安全通则》（GB/T 3723—1999）。在采样过程中应采取措施防止危害成分的损失、交叉污染和二次污染。

生产工艺过程产生的固体废物应在固体废物排（卸）料口按照表 3.5-2 方法采集。

表 3.5-2 固体废物采样方法

序号	采样对象		采样方法
1	生产工艺过程产生的固体废物	卸料口	采用合适的容器接住卸料口，等时间间隔接取所需份样量的固体废物。每接取一次固体废物，作为 1 个份样
2		板框压滤机	将压滤机各板框按顺序编号，用 HJ/T 20 中的随机数表法抽取与该次需要采集的份样数相同数目的板框作为采样单元采取样品。采样时，在压滤脱水后取下板框，刮下固体废物。每个板框内采取的固体废物，作为 1 个份样
3	堆存状态固体废物采样	散状堆积固态、半固态废物	堆积高度小于或者等于 0.5 m：将固体废物堆平铺为厚度为 10～15 cm 的矩形，划分为 5N 个面积相等的网格，按顺序编号；用 HJ/T 20 中的随机数表法抽取 N 个网格作为采样单元，在网格中心位置处用采样铲或者锹垂直采取全层厚度的固体废物。每个网格采取的固体废物，作为 1 个份样
4			堆积高度大于 0.5 m：分层采取样品；采样层数应不小于 2 层，按照固态、半固态废物堆积高度等间隔布置；每层采取的份样数应相等。分层采样可以用采样钻或者机械钻探的方式进行
5	敞口贮存池或不可移动大型容器中的固体废物	液态废物	将容器（包括建筑于地上、地下、半地下的）划分为 5N 个面积相等的网格，按顺序编号；用 HJ/T 20 中的随机数表法抽取 N 个网格作为采样单元采取样品。对于无明显分层的液态废物，采用玻璃采样管或者重瓶采样器进行采样。对于有明显分层的液态废物，采用玻璃采样管或者重瓶采样器进行分层采样。每采取一次，作为 1 个份样

序号	采样对象		采样方法
6	敞口贮存池或不可移动大型容器中的固体废物	固态、半固态废物	厚度小于2 m时 用 HJ/T 20 中的随机数表法抽取 N 个网格作为采样单元采取样品。采样时,在网格的中心位置处用土壤采样器或长铲式采样器垂直插入固体废物底部,旋转 90°后抽出。每采取一次固体废物,作为 1 个份样
7			厚度大于或等于2 m时 用 HJ/T 20 中的随机数表法抽取(N+1)/3(四舍五入取整数)个网格作为采样单元采取样品。采样时,应分为上部(深度为 0.3 m 处)、中部(1/2 深度处)、下部(5/6 深度处)三层分别采取样品。每采取一次,作为 1 个份样
8	小型可移动袋、桶或其他容器中的固体废物	固态、半固态废物	各容器按顺序编号,用 HJ/T 20 中的随机数表法抽取 N 个容器作为采样单元采取样品。根据固体废物性状,分别使用长铲式采样器、套筒式采样器或者探针进行采样。每个采样单元采取 1 个份样。当容器最大边长或高度大于 0.5 m 时,应分层采取样品,采样层数应不小于 2 层,各层样品混合作为 1 个份样
9		液态废物	各容器按顺序编号,用 HJ/T 20 中的随机数表法抽取 N 个容器作为采样单元采取样品。将容器内液态废物混匀(含易挥发组分的液态废物除外)后打开容器,将玻璃采样管或者重瓶采样器从容器口中心位置处垂直缓缓插入液面至容器底;待采样管/采样器内装满液体后,缓缓提出,将样品注入采样容器
10	封闭式贮存池、不可移动大型容器或槽罐车中的固体废物		在卸除固体废物过程中按本表第 1 项方法采取样品。如不能在卸除固体废物过程中采样,按本表第 4、5 或 6 方法从贮存池、容器上部开口采集样品。如存在卸料口,则同时在卸料口按本表第 1 项方法采集不少于 1 个份样

3.5.5 危险废物鉴别结果判定

在对固体废物样品进行检测后,检测结果超过 GB 5085.1、GB 5085.2、GB 5085.3、GB 5085.4、GB 5085.5 和 GB 5085.6 中相应标准限值的份样数大于或者等于表 3.5-3 中的超标份样数限值,即可判定该固体废物具有该种危险特性。

表 3.5-3 判断方案限值表

份样数	超标份样数限值	份样数	超标份样数限值
5	2	32	8
8	3	50	11
13	4	80	15
20	6	≥100	22

如果采集的固体废物份样数与表 3.5-3 中的份样数不符,按照表 3.5-1 中与实际份样数最接近的较小份样数进行结果的判断。

根据简化份样数采样时,采样份样数小于表 3.5-3 规定最小份样数时,检测结果超过 GB 5085.1、GB 5085.2、GB 5085.3、GB 5085.4、GB 5085.5 和 GB 5085.6 中相应标准限值的份样数大于或者等于 1,即可判定该固体废物具有该种危险特性。

经鉴别具有危险特性的,应当根据其主要有害成分和危险特性确定所属危险废物类别,并按代码"900-000-××"(××为《名录》中危险废物类别代码)进行归类。

3.6　危险废物鉴别工作程序存在的问题

3.6.1　危险废物名录存在问题

《名录》对危险废物产生源采用了较为宽泛的定义,将部分不具有危险特性的固体废物纳入其中,造成实际管理时争议较大,遇到较大阻力,且缺乏名录增补的基本原则和管理办法。国家危险废物名录的分类体系尚不完善。目前《名录》将所有的固体废物分为两大类,危险废物和一般固废,但事实上有部分废物虽是危险废物但仍有综合利用的价值,如氟化钙污泥,需要对此类物质预留出口,从而缓解危险废物的处置压力,并最大限度地对废物进行综合处置和利用。《名录》构成需要进一步完善。《名录》中明确了行业类别、废物来源、废物代码、危险特性,但关于这几个名录构成如何对应以及对应情况均无明确规定,往往造成行业类别与废物来源等无法完全对应相符,从而使得在判别危险废物类别时出现偏差。同时《名录》未明确危险废物的处置去向问题,也为管理工作带来一定的难度。

3.6.2　鉴别标准规范存在问题

危险废物鉴别相关标准中浸出毒性项目待补全。危险废物鉴别相关标准鉴别项目包括腐蚀性、易燃性、反应性、浸出毒性、毒性物质含量和急性毒性,涵盖了综合性指标和特异性指标,包括了化学指标和生物指标。鉴别项目涵盖面较窄,难以反映其他有毒项目的危险性。危险废物鉴别相关标准中毒性物质含量的项目待完善。《危险废物鉴别标准 毒性物质含量》中有些项目的测定如氟化钠、氟化锌、氰化钠、氰化钡等无法直接测定其物质的含量,而是通过测定无机氟化物和无机氰化物的值再通过分子量进行折算,因此并不具有准确性,其参考意义也有待考证。危险废物鉴别标准值或者其超标份样数的下限值的设定需更科学合理,建议适当修订鉴别标准值,严格设定超标份样数的下限值。

3.6.3 鉴别工作存在问题

在危险废物鉴别工作中,重复鉴别现象尤为突出,相同或相似工艺路线产生的危险废物进行重复鉴别,企业进行技术改造后因发生一些工艺、原辅料使用变更等,管理部门再次要求企业对原鉴别过的固体废物进行重新鉴别[①]。管理部门对鉴别结果的通用性未作出规定,导致鉴别结果只适用于本企业、本工序、本批危险废物或本次鉴别,相关企业无法参照执行,浪费了大量人力、物力、财力,增大了危险废物环境管理难度。同时,危险废物管理计划与申报登记部分内容较为简单,而基于危险废物管理的电子化、信息化管理体系,对危险废物相关单位将提出更高要求,工作要求、技术要求、填报频率和准确性将成为难点。目前危险废物的管理专业要求高,生态环境管理部门、企业技术管理人员数量严重不足,专业素质能力不够,亟需大量有能力的专业管理人员投身到危险废物管理队伍中。

3.7 危险废物鉴别工作程序完善建议

3.7.1 危险废物名录有待增补和完善

建议在名录中明确对不在名录内的物质的说明和解释,补充名录增补的原则和方法,并需要不断地更新和增补新的危险物质。进一步完善名录构成,需要在名录中明确各构成如行业类别、废物来源、废物代码、危险特性等的对应关系以及相符性说明,明确名录判别的基本原则和要求。对于一些主要的危险废物需要明确危险废物的处置去向和利用途径,从而为生态环境管理提供依据,使得名录更具实际应用性和可行性。针对目前部分具有综合利用价值的危险废物,可以调整危险废物名录的分类体系,将其分为三类,一类为危险废物,一类为一般工业固废,还有一类就是介于这两者之间,可以进行综合利用的物质,这样一方面可以减少处置危险废物的压力,另一方面可以大大提高固体废物的综合

---

① 刘方明,修太春,孙理琳. 危险废物环境管理体系研究[J]. 环境科学与管理,2021,46(2):14-17.

利用价值。

3.7.2　危险废物鉴别标准有待完善

　　危险废物鉴别浸出毒性标准中的危险物质需要增补，可以参照《危险化学品重大危险源辨识》《重点监管危险化学品名录》等对其中重点监管或有毒有害化学品进行重点筛选和补充。相关部门应对通过查阅化学品安全技术说明书（MSDS）和相关资料对某些物质的危险特性进行鉴定。根据新合成物质的危险特定鉴定结果，不断补充完善危险废物鉴别相关标准，提高其时效性。对于毒性物质含量中如氟的化合物、氰的化合物，无法直接测定其含量的指标可以直接测定无机氟化物、无机氰化物来表征。对于浸出毒性和毒性物质含量中重复的物质，建议只保留一种能更好地反映其毒性的标准即可，无须重复测定。对未列入《名录》或根据危险废物鉴别相关标准无法鉴别，但可能对人体健康或生态环境造成有害影响的固体废物，建议可以增加补充的鉴别标准如人体健康的风险评价，对可疑危险废物可能产生的污染物进行指标控制评价研究，评估结果可作为危险废物判别、危险废物豁免排除和废物进入填埋场许可等各类风险评估的依据。

3.7.3　危险废物鉴别工作加强统一管理

　　强化危险废物鉴别工作的统一管理。提高生态环境监管部门对危险废物基础性数据的收集、分析能力，并及时录入数据平台，实现系统内部数据共享。各地方监管部门在掌握大量基础数据的情况下，切实保障固体废物危险特性鉴别的可靠性，同时提高鉴别能力。加强行业专业人员鉴别技术能力，保证质量并提高效率。主管部门组织行业专家及一线技术骨干代表继续对危险特性分析方法、检测指标等鉴别体系进行基础性研究，把握各种方法、环节质控要求。研究快速检测仪器，尽快形成危险废物快速检测初筛技术体系，减少周期、提高效率，更好地为应急监测及处置提供支持，同时为司法机关审理案件提供有力证据。加强行业人员专业素养，包括生态环境监管部门废物管理方面的人员、行业人员、分析检测单位的人员、环评编制的人员等，继续完善专家数据库。

第四章

固体废物危险特性鉴别案例分析

我国是一个发展中国家,随着经济的迅速发展,危险废物的产生量也与日俱增,种类繁多、性质复杂,且产生源分布广泛,管理难度较大。危险废物鉴别作为明确固体废物危险特性的重要手段,对于危险废物管理工作具有重要意义。不同行业不同类别的固体废物涉及的污染因子、危险成分和鉴别要求均不同。本章通过对重点行业废水处理污泥、工业园区污水处理厂污泥、其他重点固体废物的危险特性鉴别案例分析,阐述了危险特性鉴别分析的具体实操分析方法,为危险特性鉴别工作的开展提供实践参考。

4.1 重点行业废水处理污泥危险特性鉴别

4.1.1 印染行业废水处理污泥

印染废水因含染料、浆料及助剂等组分,具有有机物浓度高、色度高、组分复杂、难处理等特点。印染污泥是印染废水处理的副产物,是由有机残片、细菌体、无机颗粒、胶体等组成的极其复杂的非均质体。印染废水中的污染物存在一定的毒性和危险性,这些污染物在废水处理过程中迁移转化进入污泥,使污泥同样具有一定的环境风险。因此对纺织印染废水处理污泥进行危险特性鉴别具有必要性。

印染污泥因染料分子及多种助剂的迁移转化,包含多种有机化合物,污染因子较为复杂。不同的染料分子,鉴别因子是不同的,重点关注鉴别因子如表

4.1-1所示。染料类似的企业也会根据生产工艺、原辅材料及废水处理工艺的不同,鉴别因子各有增减。印染污泥虽存在一定的环境风险,但根据目前的鉴别结果判断,大部分印染污泥均未达到危险废物鉴别标准的限值,基本可判定不具有危险特性。

表 4.1-1　不同染料重点关注鉴别因子

序号	使用染料	重点关注因子
1	活性染料	铜、锌、总铬、镍、锑、氰化物、苯酚、苯胺类、甲基苯胺类等
2	分散染料	铜、锌、总铬、镍、锑、氰化物、苯酚、苯胺类、二氯苯等
3	酸性染料	铜、锌、总铬、镍、锑、苯酚、苯胺类、1-萘胺、2-乙氧基乙醇等

4.1.1.1　固体废物来源分析

某公司主要从事纯棉纱线、混纺多成分纱线的生产和销售,年产5 000吨纱线生产项目已取得环评批复并通过验收。产品方案为年产1 500吨纯棉纱线和3 500吨混纺多成分纱线,鉴别前实际产量占设计产能的81.6%,企业正常运行。产生的废水主要有印染废水(包括精炼废水、酸洗废水、酸洗后水洗废水、染色废水、染色后水洗废水、皂洗废水、皂洗后水洗废水、固色/柔软废水、脱水废水)、制软再生废水、车间地面冲洗废水和生活污水,生产废水经厂内污水处理站处理后,部分尾水经中水回用处理站处理后回用于生产过程,其余部分尾水处理达标后接入园区污水处理厂。本次鉴别对象为某公司废水处理产生的混合污泥,环评中将该污泥评定为危险废物(HW12),但对照《名录》,该废水处理污泥在其中无对应项。根据《固体废物鉴别标准 通则》(GB 34330—2017),所涉及物料属于"环境治理和污染控制过程中产生的物质"中的"e)水净化和废水处理产生的污泥及其他废弃物质",因此可以判定其属于固体废物。

4.1.1.2　污染物迁移分析

该公司使用的染料主要为活性染料,活性染料的理化性质情况如表4.1-2所示。

表 4.1-2 活性染料理化性质一览表

序号	名称	分子结构	理化性质
	活性黄 3RS		砖红色粉末或粒状;以 2-萘胺-3,6,8-三磺酸、间脲基苯胺、三聚氯氰和间(β-硫酸酯乙基砜基)苯胺为原料,首先将间脲基苯胺与三聚氯氰缩合,再将 2-萘胺-3,6,8-三磺酸重氮化,与前述缩合产物偶合,最后将偶合产物与间(β-硫酸酯乙基砜基)苯胺缩合得到的产物,经盐析、过滤、干燥得成品
	活性艳红 M-3BE		棕色粉末;以氨基 C 酸、间甲苯胺、三聚氯氰和间(2-硫酸酯乙基砜基)苯胺为原料,首先将氨基 C 酸重氮化,与间甲苯胺偶合,然后与三聚氯氰进行第一次缩合,最后加入间(2-硫酸酯乙基砜基)苯胺进行第二次缩合得产物,经盐析、过滤、干燥得成品
	活性黄 M-3RE		橙红色粉末;以 2-氨基-1,5-萘二磺酸、H 酸、三聚氯氰和间(2-硫酸酯乙基砜基)苯胺为原料,首先将 H 酸与三聚氯氰进行第一次缩合,再加入间(2-硫酸酯乙基砜基)苯胺进行第二次缩合,最后将 2-氨基-1,5-萘二磺酸重氮化,与前述缩合物偶合得产物,经盐析、过滤、干燥得成品
	活性黑 KN-B		黑色粉末;以对(2-硫酸酯乙基砜基)苯胺和 H 酸为原料,首先将前者重氮化,然后在强酸性介质中与 H 酸进行第一次偶合(于氨基邻位),随后在碱性条件下与 H 酸进行第二次偶合(于羟基邻位),经盐析、过滤、干燥得成品
	活性黑 X-RL		黑色粉末;以 3-羟基-1-(对磺酸基苯基)-5-吡唑酮、γ 酸和 2-羟基-5-甲基-4-(β-硫酸酯乙基砜基)苯胺为原料,首先将 γ 酸重氮化,与 3-羟基-1-(对磺酸基苯基)-5-吡唑酮偶合,再将 2-羟基-5-甲基-4-(β-硫酸酯乙基砜基)苯胺重氮化,与前述偶合产物进行第二次偶合,然后加入硫酸铜络合得产物,经盐析、过滤、干燥得成品
	活性翠蓝 KN-G		蓝色粉末;以铜酞菁、对(2-硫酸酯乙基砜基)苯胺、氯磺酸、氯化亚砜为原料,首先将铜酞菁与氯磺酸、氯化亚砜进行氯磺化反应,随后将产物与对(2-硫酸酯乙基砜基)苯胺进行缩合,经盐析、过滤、干燥得成品

通过对企业主要原辅材料、生产工艺流程和产污环节、废水产生和处理工艺流程以及固体废物的产生情况分析,判断相关物质的迁移和转换路线,见图 4.1-1。

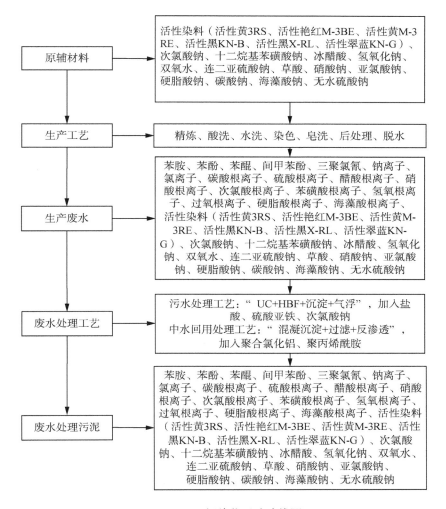

图 4.1-1　污染物迁移路线图

（1）原辅材料中和本次需要鉴定的固体废物有关的主要包括活性染料（活性黄 3RS、活性艳红 M-3BE、活性黄 M-3RE、活性黑 KN-B、活性黑 X-RL、活性翠蓝 KN-G）、次氯酸钠、十二烷基苯磺酸钠、冰醋酸、氢氧化钠、双氧水、连二亚硫酸钠、草酸、硝酸钠、亚氯酸钠、硬脂酸钠、碳酸钠、海藻酸钠、无水硫酸钠，以及废水处理药剂中的盐酸、硫酸亚铁、次氯酸钠、聚合氯化铝、聚丙烯酰胺等。

（2）与鉴定固体废物相关的主要生产工艺是精炼、酸洗、水洗、染色、皂洗、后处理、脱水等。原料中的活性黄 3RS、活性艳红 M-3BE、活性黄 M-3RE 等苯胺类物质经染色等工序后，可能产生苯胺、间甲苯酚、三聚氯氰进入废水中，苯胺可能会进一步氧化成苯醌;原料中的其他物质如次氯酸钠、十二烷基苯磺酸钠、冰醋酸、氢氧化钠、双氧水、连二亚硫酸钠、草酸、硝酸钠、亚氯酸钠、硬脂酸钠、碳酸钠、海藻酸钠、无水硫酸钠等,可能产生钠离子、氯离子、碳酸根离子、硫酸根离子、醋酸根离子、硝酸根离子、次氯酸根离子、苯磺酸根离子、氢氧根离子、过氧根离子、硬脂酸根离子、海藻酸根离子等进入废水中。

（3）废水中苯胺在废水处理过程中经氧化后,可能有苯酚进入污泥中。

综上所述,可能进入污泥中且与本次鉴别相关的物质有:钠离子、铝离子、铁离子、氯离子、碳酸根离子、硫酸根离子、醋酸根离子、硝酸根离子、次氯酸根离子、苯磺酸根离子、氢氧根离子、过氧根离子、硬脂酸根离子、海藻酸根离子、苯胺、苯酚、苯醌、间甲苯酚、三聚氯氰、丙烯酰胺、活性染料(活性黄 3RS、活性艳红 M-3BE、活性黄 M-3RE、活性黑 KN-B、活性黑 X-RL、活性翠蓝 KN-G)、次氯酸钠、十二烷基苯磺酸钠、冰醋酸、氢氧化钠、双氧水、连二亚硫酸钠、草酸、硝酸钠、亚氯酸钠、硬脂酸钠、碳酸钠、海藻酸钠、无水硫酸钠。

4.1.1.3 鉴别因子分析

（1）可排除的危险特性:反应性、易燃性。

（2）腐蚀性鉴别因子分析

鉴别依据:企业在原辅料中用了一定量的酸碱。

鉴别因子:pH、腐蚀性速率检测。

（3）浸出毒性鉴别因子分析

鉴别依据:根据企业废水处理污泥样品的无机元素及化合物初步检测结果,锌、总铬、钡、砷、硒、无机氟化物、锑、锰、钴有检出。参照《染料产品中重金属元素的限量及测定》(GB 20814—2014),铜、锌、总铬、镍等元素为染料中常见的重金属元素。企业在生产中使用活性染料(活性黄 3RS、活性艳红 M-3BE、活性黄 M-3RE、活性黑 KN-B、活性黑 X-RL、活性翠蓝 KN-G 等),经查阅《精细化工产品手册 染料》,其中活性黄 3RS、活性艳红 M-3BE、活性黄 M-3RE 在合成过程中使用三聚氯氰等有机物,活性翠蓝 KN-G 在生产过程中使用铜酞菁等有机物。原料中的活性黄 3RS、活性艳红 M-3BE、活性黄 M-3RE 等苯胺类活性染料经染色等工序后,可能产生苯胺,经废水氧化后,可能有苯酚进入废水中。

鉴别因子:无机物 9 项,有机物 1 项,见表 4.1-3。

表 4.1-3　浸出毒性分析项目

序号	危害成分	浸出液中危害成分浓度限值(mg/L)	分析方法
无机元素及化合物			
1	铜	100	GB 5085.3 附录 A、B、C、D
2	锌	100	GB 5085.3 附录 A、B、C、D
3	钡	100	GB 5085.3 附录 A、B、C、D
4	总铬	15	GB 5085.3 附录 A、B、C、D
5	镍	5	GB 5085.3 附录 A、B、C、D
6	砷	5	GB 5085.3 附录 C、E
7	硒	1	GB 5085.3 附录 B、C、E
8	无机氟化物	100	GB 5085.3 附录 F
9	氰化物	5	GB 5085.3 附录 G
非挥发性有机化合物			
10	苯酚	3	GB 5085.3 附录 K

注:GB 5085.3 即《危险废物鉴别标准 浸出毒性鉴别》,下同。

（4）毒性物质含量鉴别因子分析

鉴别依据:原料中的活性黄 3RS、活性艳红 M-3BE、活性黄 M-3RE 等苯胺类活性染料经染色等工序后,可能产生苯胺,苯胺经废水氧化后,可能有苯酚、苯醌进入废水中,其中苯酚可能会进一步氧化成 1,3-苯二酚和 1,4-苯二酚。企业在生产中使用活性染料,其中活性艳红 M-3BE 在合成过程中使用间甲苯胺等有机物,活性黄 3RS、活性艳红 M-3BE、活性黄 M-3RE 在合成过程中使用三聚氯氰等有机物。污泥样品初步检测结果中检出了锌、总铬、钡、砷、硒、无机氟化物、锑、锰、钴,且企业原辅料中有碳酸钠,在污水处理过程中使用了聚合氯化铝。

鉴别因子:剧毒物质 3 项,有毒物质 10 项,致癌性物质 3 项,具体见表 4.1-4。

表 4.1-4　毒性物质含量分析项目

序号	化学名	别名	分析方法
剧毒物质			
1	氯化硒	一氯化硒	GB 5085.3 附录 B、C、E
2	砷酸钠	原砷酸钠、砷酸三钠盐	GB 5085.3 附录 C、E
3	氰化亚铜钠	氰化铜钠、紫铜盐	GB 5085.3 附录 G

序号	化学名	别名	分析方法
有毒物质			
4	氟化锌	二氟化锌	GB 5085.3 附录 F
5	氯化钡	二氯化钡	GB 5085.3 附录 A、B、C、D
6	锰	元素锰	GB 5085.3 附录 A、B、C、D
7	五氧化二锑	五氧化锑	GB 5085.3 附录 A、B、C、D、E
8	苯醌	对苯醌、1,4-环己二烯二酮	GB 5085.3 附录 K
9	1,3-苯二酚	间苯二酚、雷锁辛	GB 5085.3 附录 K
10	1,4-苯二酚	对苯二酚、氢醌	GB 5085.3 附录 K
11	3-甲基苯胺	间甲苯胺、间氨基甲苯、3-氨基甲苯	GB 5085.3 附录 K
12	4-甲基苯胺	对甲苯胺、对氨基甲苯、4-氨基甲苯	GB 5085.3 附录 K
13	苯胺	氨基苯	GB 5085.3 附录 K
致癌性物质			
14	三氧化铬	铬酸酐	GB 5085.3 附录 A、B、C、D
15	硫酸钴	硫酸钴（Ⅱ）	GB 5085.3 附录 A、B、C、D
16	邻甲苯胺	2-甲苯胺	GB 5085.3 附录 K、O

（5）急性毒性初筛鉴别因子分析

鉴别依据：根据固体废物产生过程分析和所含主要污染物判断，本次鉴别固体废物基本可以正常接触皮肤，也不存在蒸气、烟雾或粉尘吸入造成的毒性，因此采用经口摄取后的口服毒性半数致死量 LD_{50}（小鼠经口）进行急性毒性初筛。

鉴别因子：口服毒性半数致死量 LD_{50}（小鼠经口）。

4.1.1.4 鉴别检测分析

（1）确定样品份样数

企业实际生产工况达到设计产能的 75% 以上，废水处理污泥平均每月的实际产生量为 0.637 t，根据《危险废物鉴别技术规范》的有关要求，确定企业废水处理污泥的最小份样数为 5 个（表 3.5-1）。

（2）采样方法

企业设 1 台板框压滤机，将板框压滤机各板框顺序编号，用 HJ/T 20 中的随机数表法抽取 1 个板框作为采样单元采取样品。采样时，在压滤脱水后取下板框，刮下废物，每个板框采取的样品作为一个份样。

（3）采样过程

采样时间：企业废水处理过程产生的污泥样品采集分次在一个月内等时间间隔采集；每次采样在设备稳定运行的 8 h（或一个生产班次）内完成。每采集一次，作为 1 个份样，一共采集 5 个新鲜污泥样品。

现场记录：现场配备 2 名采样技术人员，分别负责采样和记录、校核；编制单位对取样过程进行了不定期的现场监督，确认采样符合技术规范和鉴别方案要求；企业相关负责人全程参与了采样过程。

采样当月企业生产负荷为 84.7%，可认为企业处于正常生产工况。企业新鲜污泥产生量为 2.293 t，采样期间各工艺流程废水处理效率达到设计要求，污水处理站基本达到正常处理规模，出水水质满足接管标准要求，因此可以认为企业废水处理站处于正常运行状态。

（4）检测结果判断

本次样品鉴别中污泥的超标份样数下限为 1 份，具体判断方案限值表见表 4.1-5。

表 4.1-5　判断方案限值表

污泥份样数	超标份样数下限	污泥份样数	超标份样数下限
5	1	32	8
8	3	50	11
13	4	80	15
20	6	100	22

根据鉴别结果分析，对照危险废物鉴别相关标准，本次鉴别的 5 个新鲜污泥样品中腐蚀性（pH、腐蚀性速率）、浸出毒性（铜、锌、钡、总铬、镍、砷、硒、无机氟化物、氰化物和苯酚）、毒性物质含量（氯化硒、砷酸钠、氰化亚铜钠、氟化锌、氯化钡、锰、五氧化二锑、苯醌、1,3-苯二酚、1,4-苯二酚、3-甲基苯胺、4-甲基苯胺、苯胺、三氧化铬、硫酸钴、邻甲苯胺）、急性毒性初筛（LD_{50}）均判断为不具有危险特性。本次鉴别结果分析如表 4.1-6 所示。

表 4.1-6 本次鉴别结果分析汇总表

序号	固体废物种类	危险特性	检测结果	鉴别结果
1	废水处理混合污泥	易燃性	—	不符合固态易燃性危险废物的鉴别条件,排除该新鲜污泥具有易燃性
2		反应性	—	不符合反应性鉴别标准中的任何条件,排除该新鲜污泥具有反应性
3		腐蚀性	5 个新鲜污泥样品中,每个样品的 pH 检测、腐蚀性速率检测的结果均小于腐蚀性鉴别标准中的相应标准限值	不具有腐蚀性危险特性
4		浸出毒性	5 个新鲜污泥样品中,每个样品的铜、锌、钡、总铬、镍、砷、硒、无机氟化物、氰化物、苯酚 10 个指标的浸出毒性检测结果均小于浸出毒性鉴别标准中的相应标准限值	不具有浸出毒性危险特性
5		毒性物质含量	5 个新鲜污泥样品中,每个样品的氯化硒、砷酸钠、氰化亚铜钠、氟化锌、氯化钡、锰、五氧化二锑、苯醌、1,3-苯二酚、1,4-苯二酚、3-甲基苯胺、4-甲基苯胺、苯胺、三氧化铬、硫酸钴、邻甲苯胺 16 个指标的毒性物质含量均小于毒性物质含量鉴别标准中的相应标准限值	不具有毒性物质含量危险特性
6		急性毒性初筛	5 个新鲜污泥样品中,急性毒性 LD_{50}(小鼠经口)含量均大于标准限值 200 mg/kg 体重	不具有急性毒性危险特性

4.1.1.5 鉴别结论

根据《危险废物鉴别技术规范》的要求,份样数为 5 个的超标份样数下限为 1 个,本次超标份样数为 0 个,因此,根据现行危险废物鉴别标准体系可以判定,本次鉴别的污泥不具有危险特性。

4.1.2 光伏行业废水处理含氟污泥

近年来,我国光伏产业发展迅速,光伏行业生产过程中采用氢氟酸进行刻蚀和酸洗,产生大量的含氟废水。含氟废水的处理方法较多,包括化学沉淀法、吸附法、离子交换树脂法、电凝聚法、电渗析法等,目前主要采用化学沉淀法处理,一般先中和后加入钙盐形成沉淀,产生的污泥中主要成分为氟化钙。

氟化钙具有低毒性,在水中有一定的溶解度,进入环境后存在一定的环境风险。因此生态环境部门在日常管理中要求对其进行危险特性鉴别后根据鉴别结论进行处置。

通过对氟化钙污泥的危险特性进行分析,鉴别过程中需重点关注的污染物主要为氟化物,根据目前的鉴别结果判断,大部分含氟污泥均达不到危险废物鉴别标准的限值,基本可判定不具有危险特性。

4.1.2.1   固体废物来源分析

某公司主要从事太阳能电池片及组件生产,年产 1 000 MW 太阳能电池片及组件生产项目已取得环评批复并通过验收。产品方案为年生产 1 000 MW 的常规单晶/多晶硅太阳能电池片及太阳能电池组件,鉴别前,企业太阳能电池片的实际总产能占设计产能的 107.69%,超负荷运行。企业产生的废水主要为生产废水、生活污水和循环冷却水排污,其中生产废水根据性质分为含氟废水、稀碱废水和含氮废水,企业设有 2 套污水处理系统,分别为含氟(酸性)废水和稀碱废水处理系统共用的 1 套污水处理系统以及含氮废水单独使用的 1 套处理系统,废水经处理后由园区污水处理厂接管。本次鉴别对象为含氟(酸性)废水和稀碱废水处理过程中产生的含氟污泥。环评中未明确其属性,要求进行危险特性鉴别。对照《名录》,该废水处理污泥在其中无对应项。根据《固体废物鉴别标准 通则》(GB 34330—2017),所涉及物料属于"环境治理和污染控制过程中产生的物质"中的"e)水净化和废水处理产生的污泥及其他废弃物质",因此可以判定其属于固体废物。

4.1.2.2   污染物迁移分析

通过对企业主要原辅材料、生产工艺流程和产污环节、废水产生和处理工艺流程分析以及固体废物的产生情况分析,判断相关物质的迁移和转换路线,见图4.1-2。

(1)原辅材料中和本次需要鉴别的固体废物有关的主要是硅片、氢氟酸、盐酸、氢氧化钾、双氧水、制绒添加剂等。

(2)与鉴别固体废物相关的主要生产工艺为太阳能电池片生产涉及制绒、磷扩散、湿法刻蚀、退火、背钝化、制减反射膜、丝网印刷、烧结等工序;太阳能电池组件生产涉及预处理、焊接、叠层、层压、装框、测试等工序。可能转化及进入废水中的物质主要有:硅片中有 99.9999% 的硅和一些碳、氧、磷等杂质,硅片在空气中表面容易被氧化成氧化硅，在生产过程中氧化硅和硅会与化学试剂反应形成硅的化合物，如在碱制绒工段氧化硅和硅均可与氢氧化钾反应生成硅酸钾，酸洗工段氢氟酸与氧化硅和硅也均可发生反应生成氟化硅，因此可能会有少量硅及其化合物进入废水中；酸洗过程中使用的大量氢氟酸、盐酸以及碱洗过程中使用的氢氧化钾、制绒添加剂等物质会有相关离子进入废水中。

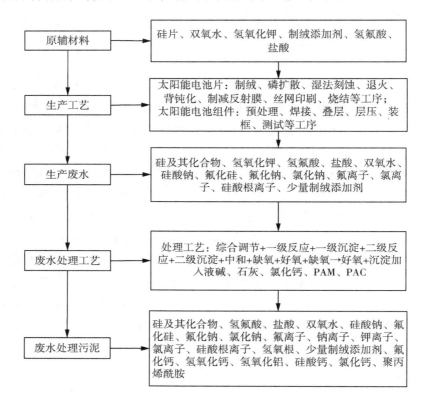

图 4.1-2 污染物迁移路线图

（3）废水处理过程中需加入氯化钙、聚合氯化铝、聚丙烯酰胺、氢氧化钠等药剂。废水处理过程中产生的污泥可能有如下物质：

废水中的硅及其化合物在沉淀过程中进入污泥中；废水经中和、混凝、絮凝、沉淀会产生氟化钙、氢氧化钙、氢氧化铝等沉淀进入污泥，以及废水中的氟离子及氯离子可能进入污泥中；废水中的聚合氯化铝、氢氧化钠、氯化钙、石灰等在反应、中和、沉淀等处置过程下会分解成铝离子、钠离子、钙离子进入污泥中。

综上所述,可能进入污泥中且与本次鉴别相关的物质有:硅及其化合物、氢氟酸、盐酸、双氧水、硅酸钠、氟化硅、氟化钠、氯化钠、氟离子、钠离子、钾离子、氯离子、硅酸根离子、氢氧根、少量制绒添加剂、氟化钙、氢氧化钙、氢氧化铝、硅酸钙、氯化钙、聚丙烯酰胺。

4.1.2.3 鉴别因子分析

(1)可排除的危险特性:反应性、易燃性。

(2)腐蚀性鉴别因子分析

鉴别依据:企业在原辅料中用了氢氟酸、盐酸。

鉴别因子:pH、腐蚀性速率检测。

(3)浸出毒性鉴别因子分析

鉴别依据:初步的样品分析表明,含氟污泥浸出液中检出铜、锌、钡、无机氟化物、氰化物。从原辅料分析,由于生产工艺酸洗,使用氢氟酸,少量氢氟酸会进入酸性废水处理设施。

鉴别因子:无机物 5 项,见表 4.1-7。

表 4.1-7 浸出毒性分析项目

序号	危害成分	浸出液中危害成分浓度限值 (mg/L)	分析方法
无机元素及化合物			
1	铜	100	GB 5085.3 附录 A,B,C,D
2	锌	100	GB 5085.3 附录 A,B,C,D
3	钡	100	GB 5085.3 附录 A,B,C,D
4	无机氟化物	100	GB 5085.3 附录 F
5	氰化物	5	GB 5085.3 附录 G

(4)毒性物质含量鉴别因子分析

鉴别依据:在生产过程中会使用氢氟酸对硅片进行表面清洗,会有大量的氟离子进入废水中,经处理后进入污泥中。在污水处理时需要投加聚合氯化铝、氢氧化钠,因此污泥中可能含有铝离子及钠离子,同时在初步分析中检出了锌、钡、氰化物、铜。

鉴别因子:剧毒物质 1 项,有毒物质 2 项,具体见表 4.1-8。

表 4.1-8 毒性物质含量分析项目

序号	化学名	别名	分析方法
剧毒物质			
1	氰化亚铜钠	氰化铜钠、紫铜盐	GB 5085.3 附录 G
有毒物质			
2	氟化锌	二氟化锌	GB 5085.3 附录 F
3	氯化钡	二氯化钡	GB 5085.3 附录 A、B、C、D

（5）急性毒性初筛鉴别因子分析

鉴别依据：根据固体废物产生过程分析和所含主要污染物判断，本次鉴别固体废物基本可以正常接触皮肤，也不存在蒸气、烟雾或粉尘吸入造成的毒性，因此采用经口摄取后的口服毒性半数致死量 LD_{50}（小鼠经口）进行急性毒性初筛。

鉴别因子：口服毒性半数致死量 LD_{50}（小鼠经口）。

4.1.2.4 鉴别检测分析

（1）确定样品份样数

企业实际生产工况达到设计产能的 75% 以上，废水处理污泥平均每月的实际产生量为 227.73 t，根据《危险废物鉴别技术规范》的有关要求，确定企业废水处理污泥的最小份样数为 50 个。

（2）采样方法

企业设 2 台板框压滤机，将 2 台板框压滤机各板框顺序编号，用 HJ/T20 中的随机数表法抽取 1 个板框作为采样单元采取样品。采样时，在压滤脱水后取下板框，刮下废物，每个板框采取的样品作为一个份样。

（3）采样过程

采样时间：企业废水处理过程产生的污泥样品分次在一个月内等时间间隔采集；每次采样在设备稳定运行的 8 h（或一个生产班次）内完成。每采集一次，作为 1 个份样，一共采集 50 个新鲜污泥样品。

现场记录：现场配备 2 名采样技术人员，分别负责采样和记录、校核；编制单位对取样过程进行了不定期的现场监督，确认采样符合技术规范和鉴别方案要求；企业相关负责人全程参与了采样过程。

采样当月企业生产负荷为 102.95%，可认为企业处于正常生产工况，企业新鲜污泥产生量为 241 t，采样期间各工艺流程废水处理效率达到设计要求，污水处理站基本达到正常处理规模，出水水质满足接管标准要求，因此可以认为企业废水处理站处于正常运行状态。

（4）检测结果判断

本次样品鉴别中污泥的超标份样数下限为 11 份（其中腐蚀性速率和急性毒性一旦超标，对其他样品进行检测），具体判断方案限值表见表 4.1-5。

根据鉴别结果分析，50 个新鲜含氟污泥［含氟（酸性）废水和稀碱废水处理）］样品中腐蚀性（pH、5 个样品腐蚀性速率）、浸出毒性（铜、锌、钡、无机氟化物（不包括氟化钙、氰化物）、毒性物质含量（氯化钡、氟化锌、氰化亚铜钠）以及 2 个含氟污泥样品的急性毒性初筛（小鼠经口 LD_{50}）结果对照危险废物鉴别相关标准，均不具有对应危险特性（表 4.1-9）。

表 4.1-9　本次鉴别结果分析汇总表

序号	固体废物种类	危险特性	检测结果	鉴别结果
1		易燃性	—	不符合固态易燃性危险废物的鉴别条件，排除该新鲜污泥具有易燃性
2		反应性	—	不符合反应性鉴别标准中的任何条件，排除该新鲜污泥具有反应性
3	含氟污泥	腐蚀性	50 个污泥样品每个样品的 pH 检测结果及等时间间隔选取的 5 个污泥样品腐蚀性速率检测结果均小于腐蚀性鉴别标准中的相应标准限值	不具有腐蚀性危险特性
4		浸出毒性	50 个污泥样品中，铜、锌、钡、无机氟化物（不包括氟化钙）、氰化物 5 个指标中每个样品浸出毒性检测结果均小于浸出毒性鉴别标准中的相应标准限值	不具有浸出毒性危险特性
5		毒性物质含量	50 个污泥样品中，每个样品的毒性物质含量均未达到毒性物质含量鉴别标准中的相应标准限值	不具有毒性物质含量危险特性
6		急性毒性初筛	2 个污泥样品中，急性毒性 LD_{50}（小鼠经口）含量均大于标准限值 200 mg/kg 体重	不具有急性毒性危险特性

4.1.2.5　鉴别结论

根据《危险废物鉴别技术规范》的要求，份样数为 50 个的超标份样数下限为 11 个，本次超标份样数为 0 个，因此，根据现行危险废物鉴别标准体系可以判定，本次鉴别的污泥不具有危险特性。

4.1.3 塑料行业废水处理生化污泥

可发性聚苯乙烯(以下简称 EPS)因其组成为有机高分子,具有轻质、导热系数低、吸水性小等特点,广泛用于建筑保温、电器、仪表等领域。EPS 生产废水的主要来源有地面冲洗水、洗涤水、罐区的初期雨水等,主要污染物为阻燃剂等有机高分子、十二烷基苯磺酸钠、磷酸盐类等,废水的化学需氧量(COD)浓度高,B/C(生化需氧量/化学需氧量)比例一般小于0.3,可生化性差,导致废水处理污泥中含有大量的有机物,不合理的处置方式可能对环境造成影响。在塑料行业生化污泥的危险特性鉴别过程中需重点关注的污染物主要为苯系物,根据已有的鉴别结果判断,大部分塑料行业的生化污泥未达到危险废物鉴别标准的限值,可判定不具有危险特性。

4.1.3.1 固体废物来源分析

某公司主要生产可发性聚苯乙烯珠体(俗称可发性聚苯乙烯新材料),年产12 万 t EPS 项目已取得环评批复并分二期通过验收。产品方案为年产 12 万 t 的 EPS,鉴别前实际总生产规模达到设计产能的 100%,生产运行基本稳定。产生的废水主要包括生产废水、纯水系统再生废水、生活污水及废气处理系统废水等,所有废水经厂内污水处理站预处理后由污水处理厂接管排放。本次鉴别对象为废水处理产生的生化污泥,环评中未明确其属性,要求进行危险特性鉴别。对照《名录》,该废水处理生化污泥与其中 HW13(265 - 104 - 13)中的"树脂、合成乳胶、增塑剂、胶水/胶合剂生产过程中产生的废水处理污泥(不包括废水生化处理污泥)"相对应,属于不包括在《名录》里的废物。原辅料中含有二甲苯,该二甲苯作为增塑剂改善 EPS 的产品性能,成分进入 EPS 粒子中,且二甲苯的用量不到原料的 1%,因此项目中的二甲苯并不是作为有机溶剂参与反应,而是作为改善产品性能的增塑剂进入产品中,因此本鉴别对象废水处理污泥可以排除属于 HW06 废有机溶剂。根据《固体废物鉴别标准 通则》(GB 34330—2017),所涉及物料属于"环境治理和污染控制过程中产生的物质"中的"e)水净化和废水处理产生的污泥及其他废弃物质",因此可以判定其属于固体废物。

4.1.3.2 污染物迁移分析

通过对企业主要原辅材料、生产工艺流程和产污环节、废水产生和处理工艺流程分析以及固体废物的产生情况分析,判断相关物质的迁移和转换路线,见图 4.1-3。

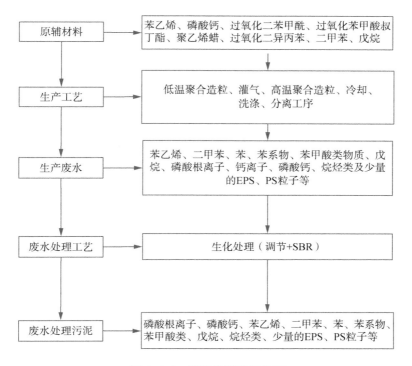

图 4.1-3　污染物迁移路线图

（1）原辅材料中和本次鉴别有关的主要有：苯乙烯、十二烷基苯磺酸钠、磷酸钙、硫酸钠、过氧化二苯甲酰、过氧化苯甲酸叔丁酯、聚乙烯蜡、戊烷、过氧化二异丙苯、二甲苯等。

（2）与鉴定固体废物相关的主要生产工艺包括：低温聚合造粒、灌气、高温聚合造粒、冷却、洗涤、分离等工序；可能转化、进入生产废水中的物质有：原辅材料中的过氧化二苯甲酰、过氧化二异丙苯在高温聚合下会分解成苯自由基，同时原辅材料中的苯乙烯、二甲苯、磷酸钙、戊烷以及产品 EPS、聚苯乙烯（PS）等粒子会有极少量进入废水中，根据原辅材料的用量分析，废水中可能含有苯、苯系物、苯乙烯、二甲苯、磷酸钙、戊烷等。

（3）废水进入厂区废水处理站，采用生化处理（调节＋SBR）（SBR 指序列间歇式活性污泥法）的方式，废水处理过程中产生的污泥可能含有如下物质：生产废水中的苯乙烯、二甲苯、苯、苯系物、苯甲酸类、戊烷、烷烃类、少量的 EPS、PS 粒子等。

综上所述，可能进入污泥中且与本次鉴别相关的物质有：磷酸根离子、磷酸钙、苯乙烯、二甲苯、苯、苯系物、苯甲酸类、戊烷、烷烃类、少量的 EPS、PS 粒子等。

4.1.3.3　鉴别因子分析

（1）可排除的危险特性：反应性、易燃性。

（2）腐蚀性鉴别因子分析

鉴别依据：pH 为污泥相关污染物浸出浓度的重要影响因素。

鉴别因子：pH、腐蚀性速率检测。

（3）浸出毒性鉴别因子分析

鉴别依据：初步检测出浸出液中有极少量汞、砷、硒和无机氟化物。原辅料中含有二甲苯、苯乙烯、过氧化二苯甲酰（BPO），BPO 作为生产聚苯乙烯的引发剂，高温聚合下 BPO 中的 O—O 键电子云密度大而相互排斥，容易断裂，在 60～80 ℃分解，BPO 分解分两步，先均裂成苯甲酸基自由基，有单体即引发聚合，无单体就进一步分解为苯自由基。同时依据《戊烷发泡剂》（GB/T 22053—2008）中戊烷的图谱分析，戊烷中含有一定量的苯；原料中的苯乙烯主要由乙苯制得，有可能会有极少量乙苯带入废水污泥中。

鉴别因子：无机化合物 4 项，有机化合物 3 项，见表 4.1-10。

表 4.1-10　浸出毒性分析项目

序号	危害成分	浸出液中危害成分浓度限值(mg/L)	分析方法
无机元素及化合物			
1	汞	0.1	GB 5085.3 附录 B
2	砷	5	GB 5085.3 附录 C、E
3	硒	1	GB 5085.3 附录 B、C、E
4	无机氟化物	100	GB 5085.3 附录 F
挥发性有机化合物			
5	苯	1	GB 5085.3 附录 O、P、Q
6	乙苯	4	GB 5085.3 附录 P
7	二甲苯	4	GB 5085.3 附录 O、P

（4）毒性物质含量鉴别因子分析

鉴别依据：根据对公司原辅料和污染物迁移的分析，企业使用的原料中含有苯乙烯。原辅料中的过氧化二苯甲酰（BPO）、过氧化苯甲酸叔丁酯在高温下均会分解成苯甲酸自由基和苯自由基类，根据企业使用的原辅料及污染物迁移分析,需要对苯进行检测。

鉴别因子:有毒物质 1 项,致癌性物质 1 项,具体见表 4.1-11。

表 4.1-11　毒性物质含量分析项目

序号	化学名	别名	分析方法
有毒物质			
1	苯乙烯	乙烷基苯	GB 5085.3 附录 O、P
致癌性物质			
2	苯	安息油	GB 5085.3 附录 O、P

（5）急性毒性初筛鉴别因子分析

鉴别依据:根据固体废物产生过程分析和所含主要污染物判断,本次鉴别固体废物基本可以正常接触皮肤,也不存在蒸气、烟雾或粉尘吸入造成的毒性,采用经口摄取后的口服毒性半数致死量 LD_{50}（小鼠经口）进行急性毒性初筛。

鉴别因子:经口摄取后的口服毒性半数致死量 LD_{50}（小鼠经口）进行急性毒性初筛。

4.1.3.4　鉴别检测分析

（1）确定样品份样数

企业实际生产工况达到设计产能的 75% 以上,废水处理污泥平均每月的实际产生量为 3.04 t,根据《危险废物鉴别技术规范》的有关要求,确定企业废水处理污泥的最小份样数为 5 个。

（2）采样方法

企业设 1 台板框压滤机,将板框压滤机各板框顺序编号,用 HJ/T 20 中的随机数表法抽取 1 个板框作为采样单元采取样品。采样时,在压滤脱水后取下板框,刮下废物,每个板框采取的样品作为一个份样。

（3）采样过程

采样时间:企业废水处理过程产生的污泥样品分次在一个月内等时间间隔采集;每次采样在设备稳定运行的 8 h（或一个生产班次）内完成。每采集一次,作为 1 个份样,一共采集 5 个新鲜污泥样品。

现场记录:现场配备 2 名采样技术人员,分别负责采样和记录、校核;编制单位对取样过程进行了不定期的现场监督,确认采样符合技术规范和鉴别方案要求;企业相关负责人全程参与了采样过程。

采样当月企业生产负荷为 93%,可认为企业处于正常生产工况。企业新鲜污泥产生量为 3.35 t,采样期间各工艺流程废水处理效率达到设计要求,污水处理站基本达到正常处理规模,出水水质满足接管标准要求,因此可以认为企业废水处理站处于正常运行状态。

（4）检测结果判断

本次样品鉴别中污泥的超标份样数下限为 1 份,具体判断方案限值表见表 4.1-5。

根据鉴别结果分析,5 个生化污泥样品中腐蚀性（pH、腐蚀性速率）、浸出毒性（汞、砷、硒、无机氟化物、苯、乙苯、邻二甲苯、对/间二甲苯）、毒性物质含量（苯乙烯、苯）、急性毒性初筛（LD_{50}）对照危险废物鉴别相关标准中的鉴别标准,均不具有危险特性（表 4.1-12）。

表 4.1-12　本次鉴别结果分析汇总表

序号	固废种类	危险特性	检测结果	鉴别结果
1	废水处理生化污泥	易燃性	—	不符合固态易燃性危险废物的鉴别条件,排除该污泥具有易燃性
2		反应性	—	不符合反应性鉴别标准中的任何条件,排除该污泥具有反应性
3		腐蚀性	5 个污泥样品中,每个样品的 pH 检测和腐蚀性速率检测结果均小于腐蚀性鉴别标准中的相应标准限值	不具有腐蚀性危险特性
4		浸出毒性	5 个污泥样品中,汞、砷、硒、无机氟化物、苯、乙苯、邻二甲苯、对/间二甲苯等指标中每个样品浸出毒性检测结果均小于浸出毒性鉴别标准中的相应标准限值	不具有浸出毒性危险特性
5		毒性物质含量	5 个污泥样品中,苯乙烯、苯等指标中每个样品的毒性物质含量均未达到毒性物质含量鉴别标准中的相应标准限值	不具有对应危险特性
6		急性毒性初筛	5 个污泥样品中,急性毒性 LD_{50}（小鼠经口）含量均大于标准限值 200 mg/kg 体重	不具有急性毒性危险特性

4.1.3.5　鉴别结论

根据《危险废物鉴别技术规范》的要求,份样数为 5 个的超标份样数下限为 1 个,本次超标份样数为 0 个,因此,根据现行危险废物鉴别标准体系可以判定,本次鉴别的污泥不具有危险特性。

4.1.4　电子行业废水处理污泥

改革开放以来,中国的电子工业发展迅速,逐渐成为"世界电子产品制造业的加工厂"。在电子产品及相关金属产品的生产和回收过程中,产生了大量的电子废水。电子废水的成分不同,所含污染物的种类和含量也存在差异,其中基本都含有铬、铜、镍、镉、锌、铅、汞等重金属离子,氰化物,一些酸性物质和碱性物质。这些污染物随着废水的处理,大部分在废水处理污泥中富集,重金属离子具有毒效长、不可生物降解等特点,且能够在生物体内富集,使生物体机能紊乱,电子行业污泥的处置不当将会对生态环境和人类健康产生严重危害。

砷化镓半导体芯片凭借其优越的特性,已经成为光电子和微电子工业最重要的支撑材料之一。其生产过程工种繁多,故会产生多种差异较大的污泥,鉴别过程中重点关注的污染物主要为砷,根据已有的鉴别结果判断,低砷污泥的检测结果超过危险废物鉴别标准的限值,可判定为具有毒性的危险废物。

4.1.4.1　固体废物来源分析

某公司主要从事高亮度 LED 外延片、芯片以及高性能砷化镓太阳电池的研发、生产,共实施三期项目,均取得环评批复并通过验收。产品方案及实际产能如表 4.1-13 所示,鉴别前各类产品的实际总生产规模分别达到设计产能的 71.32%、43.01%、72.00%,生产运行基本稳定。产生的废水主要包括:① LED 外延片生产工段产生的砷烷和磷烷废气,洗涤塔喷淋处理及过滤器清洗产生的含磷、高浓度含砷废水;② 芯片酸洗、腐蚀及后期纯水清洗产生的低浓度含砷废水;③ 芯片清洗及氨水溶液产生的氨氮废水;④ 芯片清洗产生的含氟废水;⑤ 芯片清洗产生的有机废水。本次鉴别对象为低砷新鲜污泥(不包含高砷新鲜污泥)(由低浓度含砷含氟废水、酸碱废水、有机氨氮废水产生的污泥)。环评将该污泥评定为危险废物,代码为 HW49(772-006-49)。根据《固体废物鉴别标准 通则》(GB 34330—2017),所涉及物料属于"环境治理和污染控制过程中产生的物质"中的"e)水净化和废水处理产生的污泥及其他废弃物质",因此可以判定其属于固体废物。

表 4.1-13　产品方案及实际产能一览表

产品名称	环评产能	实际产能	实际产能占环评产能比例
红黄光 LED 外延片	120.4 万片/年	85.872 万片/年	71.32%
红黄光 LED 芯片	350 亿颗/年	150.55 亿颗/年	43.01%
太阳能电池外延片	1.8 万片/年	1.296 万片/年	72.00%

4.1.4.2　污染物迁移分析

通过对企业主要原辅材料、生产工艺流程和产污环节、废水产生和处理工艺流程分析以及固体废物的产生情况分析,判断相关物质的迁移和转换路线,见图4.1-4。

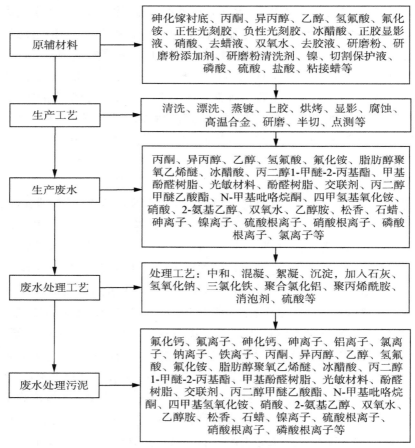

图 4.1-4　污染物迁移路线图

（1）原辅材料中和本次需要鉴定的固体废物有关的主要是砷化镓衬底、异丙醇、硫酸、硝酸、磷酸、盐酸、氢氟酸、氟化铵、去蜡液、光刻胶、去胶液、显影液、研磨粉、研磨粉添加剂、研磨清洗剂、切割保护液、金属镍等。

（2）与鉴定固体废物相关的主要生产工艺包括清洗、漂洗、蒸镀、上胶、烘烤、显影、腐蚀、高温合金、研磨、半切、点测等。可能转化及进入废水中的物质主要有：外延片中主要含有磷、砷等物质。外延片在清洗、漂洗和腐蚀工段使用硫酸、双氧水、氨水、异丙醇、丙酮、去蜡液、氢氟酸、氟化铵、冰醋酸、硝酸、盐酸、金属镍为原料，使用后的异丙醇、丙酮清洗药剂单独收集处置。根据工艺特点，外延片在清洗过程中，少量的砷离子、镍离子、硫酸、双氧水、氨水、异丙醇、丙酮、N－甲基吡咯烷酮、氢氟酸、氟化铵、冰醋酸、硝酸和盐酸进入废水中。

外延片在上胶、显影工段使用光刻胶、显影液为原料，使用完后的光刻胶、显影液单独收集处理。根据工艺特点，外延片在上胶、显影、光刻后，其表面少量的丙二醇1-甲醚-2-丙基酯、甲基酚醛树脂、光敏材料、酚醛树脂、光致产酸剂、丙二醇甲醚乙酸酯、四甲基氢氧化铵会进入废水中。

外延片在研磨工段使用粘接蜡、研磨粉、研磨粉添加剂、研磨清洗剂为原料，研磨过程中，有少量的松香、石蜡、氧化铝、硅酸锆、2-氨基乙醇、乙醇胺、表面活性剂、氢氧化钾等物质会进入废水中。外延片在半切、切穿工段使用切割保护液为原料，在切割过程中，会有脂肪醇聚氧乙烯醚和润滑剂进入废水中。使用了乙醇打扫卫生、清洗台面，因此会有乙醇进入废水中。

综合以上工艺可知，废水中可能含有砷离子、镍离子、硫酸、双氧水、氨水、异丙醇、丙酮、甜橙提取物、脂肪醇聚氧乙烯醚、氢氟酸、氟化铵、冰醋酸、硝酸、丙二醇1-甲醚-2-丙基酯、N-甲基吡咯烷酮、四甲基氢氧化铵、硅酸锆、2-氨基乙醇、乙醇胺、润滑剂、钾离子、表面活性剂、乙醇等物质。

（3）低浓度含砷含氟废水、酸碱废水和有机废水在处理过程中需加入石灰、氢氧化钠、三氯化铁、聚合氯化铝、聚丙烯酰胺、消泡剂、硫酸、次氯酸钠等药剂。废水处理过程中产生的污泥可能有如下物质：废水中的砷离子在沉淀过程中进入污泥中；废水经中和、混凝、絮凝、沉淀会产生氟化钙、氢氧化钙、氢氧化铝等沉淀进入污泥，废水中的氟离子、硫酸根离子、硝酸根离子以及磷酸根离子可能进入污泥中；废水中的聚合氯化铝、氢氧化钠、氢氧化钙在中和调解下会分解成铝离子、钠离子、钙离子、氯离子进入污泥中；乙醇在氧化剂作用下会被氧化成乙醛进入污泥中。

综上所述，可能进入污泥中且与本次鉴别相关的物质有：氟化钙、氟离子、砷化钙、砷离子、铝离子、氯离子、钠离子、铁离子、丙酮、异丙醇、乙醇、氢氟酸、氟化铵、脂肪醇聚氧乙烯醚、冰醋酸、丙二醇1-甲醚-2-丙基酯、甲基酚醛树脂、光敏材料、酚醛树脂、交联剂、丙二醇甲醚乙酸酯、N-甲基吡咯烷酮、四甲基氢氧化铵、硝酸、2-氨基乙醇、双氧水、乙醇胺、松香、石蜡、镍离子、硫酸根离子、硝酸根离子、磷酸根离子等。

4.1.4.3 鉴别因子分析

（1）可排除的危险特性：反应性、易燃性。

（2）腐蚀性鉴别因子分析

鉴别依据：生产工艺使用大量的酸碱。

鉴别因子：pH、腐蚀性速率检测。

（3）浸出毒性鉴别因子分析

鉴别依据：初步检测出浸出液中有极少量砷和无机氟化物，且公司在清洗、漂洗、腐蚀以及研磨外延片过程中，外延片中的砷离子、镍离子会进入低浓度含砷废水中，经处理后砷离子、镍离子进入污泥中；在生产过程中会使用氢氟酸、氟化铵、氟化铵腐蚀液对芯片进行表面清洗，因此会有一定量的氟离子进入废水中，经处理后进入污泥。

鉴别因子：无机化合物3项，见表4.1-14。

表 4.1-14　浸出毒性分析项目

序号	危害成分	浸出液中危害成分浓度限值(mg/L)	分析方法
无机元素及化合物			
1	无机氟化物(不包括氟化钙)	100	GB 5085.3 附录 F
2	砷	5	GB 5085.3 附录 C、E
3	镍	5	GB 5085.3 附录 A、B、C、D

（4）毒性物质含量鉴别因子分析

鉴别依据：公司在生产过程中会使用氢氟酸对砷化镓外延片进行表面清洗，会有氟离子、砷离子进入废水中，经处理后进入污泥中，在污水处理中需要投加聚合氯化铝、氢氧化钠、三氯化铁。公司在生产过程中会使用丙酮对硅片进行表面清洗，会有丙酮进入废水中，经处理后进入污泥中。使用了乙醇打扫卫生、清洗台面，因此会有乙醇进入废水中。因外延片在清洗和漂洗工段使用了双氧水为原料，氧化剂可能使乙醇氧化成乙醛。在对污泥样品的初步分析中检出了邻苯二甲酸二(2-乙基己)酯。

鉴别因子:剧毒物质1项,有毒物质4项,具体见表4.1-15。

表 4.1-15　毒性物质含量分析项目

序号	化学名	别名	分析方法
剧毒物质			
1	三氯化砷	氯化亚砷	GB 5085.3 附录 C、E
有毒物质			
2	丙酮	2-丙酮	GB 5085.3 附录 O
3	乙醛	醋醛	GB 5085.3 附录 P
4	氟化铝	三氟化铝	GB 5085.3 附录 F
5	邻苯二甲酸二(2-乙基己)酯	邻苯二甲酸二(2-乙基己基)酯	GB 5085.6 附录 K

注:GB 5085.6 即《危险废物鉴别标准 毒性物质含量鉴别》,下同。

(5)急性毒性初筛鉴别因子分析

鉴别依据:根据固体废物产生过程分析和所含主要污染物判断,本次鉴别固体废物基本可以正常接触皮肤,也不存在蒸气、烟雾或粉尘吸入造成的毒性,采用经口摄取后的口服毒性半数致死量 LD_{50}(小鼠经口)进行急性毒性初筛。

鉴别因子:经口摄取后的口服毒性半数致死量 LD_{50}(小鼠经口)进行急性毒性初筛。

4.1.4.4　鉴别检测分析

(1)确定样品份样数

企业实际生产工况未达到设计产能的 75% 以上,折算成 75% 的生产负荷,低砷污泥的月产生量为 9.77 t,根据《危险废物鉴别技术规范》的有关要求,确定企业废水处理污泥的最小份样数为 8 个。

(2)采样方法

企业设 1 台板框压滤机,将板框压滤机各板框顺序编号,用 HJ/T 20 中的随机数表法抽取 1 个板框作为采样单元采取样品。采样时,在压滤脱水后取下板框,刮下废物,每个板框采取的样品作为 1 个份样。

(3)采样过程

采样时间:企业废水处理过程产生的污泥样品分次在一个月内等时间间隔采集;每次采样在设备稳定运行的 8 h(或一个生产班次)内完成。每采集一次,作为 1 个份样，一共采集 8 个新鲜污泥样品。

现场记录：现场配备 2 名采样技术人员，分别负责采样和记录、校核；编制单位对取样过程进行了不定期的现场监督，确认采样符合技术规范和鉴别方案要求；企业相关负责人全程参与了采样过程。

因在检测分析过程中，前期采集样品的"三氯化砷毒性物质含量"浸出浓度均超过了《危险废物鉴别标准 毒性物质含量鉴别》规定的毒性物质含量鉴别标准值，因此停止了后期采样工作。

（4）检测结果判断

本次样品鉴别中污泥的超标份样数下限为 3 份，具体判断方案限值表见表 4.1-5。

根据鉴别结果分析，前期采集的 4 个新鲜污泥样品中，剧毒物质三氯化砷含量均大于标准限值 0.1%，由此可知，本次鉴别的污泥中每个样品毒性物质含量检测结果对照《危险废物鉴别标准 毒性物质含量鉴别》中的鉴别标准，均具有毒性物质含量危险特性。

4.1.4.5 鉴别结论

根据《危险废物鉴别技术规范》的要求，份样数为 8 个的超标份样数下限为 3 个，本次超标份样数为 4 个，因此，根据现行危险废物鉴别标准体系可以判定，本次鉴别的污泥是含有毒性物质的危险废物。

4.2 工业园区污水处理厂污泥危险特性鉴别

4.2.1 以电子和印染行业为主的园区污水处理厂污泥

根据初步统计，目前全国的工业园区数量已超过了两万个，一般工业园区都会配套建设园区污水处理厂，由于一般工业园区的污水厂的接管废水主要为工业废水，接管行业通常以电子制造、印染、机械、食品加工等为主，废水成分较复杂，具有一定的环境风险，产生的废水处理污泥如仅仅只做简单的填埋或直接暴露在旷野中，易造成二次污染或成为土地的遗留污染源。如何妥善、经济地处置一般工业园区污水处理厂污泥已成为当前的重要环保问题。

按照《关于污（废）水处理设施产生污泥危险特性鉴别有关意见的函》（环函〔2010〕129 号）要求，以下污泥应进行危险特性鉴别：① 专门处理工业废水（或同时处理少量生活污水)的处理设施产生的污泥;② 以处理生活污水为主要功能的公共污水处理厂,若接收、处理工业废水,工业废水排放情况发生重大改变时产生的污泥;③ 企业以直接或间接方式向其法定边界外排放工业废水时产生的污泥。

电子行业的废水中污染物主要为重金属,印染行业的废水中污染物主要为染料、浆料及助剂等,因此以电子和印染行业为主的工业园区,重点鉴别因子主要有常规金属类、锰、锑、无机氟化物、苯系物、苯酚、苯醌、苯胺类、氯代物、邻苯二甲酸二丁酯、N,N-二甲基甲酰胺、甲醇、甲醛、醚类物质等。从鉴别结果看,以电子和印染行业为主的园区污水处理厂污泥偶有超标,但未达到超标份样数下限,通常可判定为不具有危险特性。

4.2.1.1　固体废物来源分析

某园区污水处理厂产业类型包括纺织服装服饰业、纺织业、化学纤维制造业、电子加工业、机械加工业、电气机械和器材制造业、金属制品业和食品加工业等,设计规模为 4.9 万 t/天,企业约 165 家。污水处理厂实际废水处理量为 4.1 万 t/天,运行负荷约为 84%,其中工业废水处理量占总处理水量的 85%,生活污水处理量占总处理水量的 15%,其中涉及电子制造、电镀、印染行业等 13 家企业的废水量占接管工业废水总量的 95%。本次鉴别的固体废物为该污水处理厂产生的生化污泥,环评中未明确其属性,要求进行危险特性鉴别。对照《名录》,该废水处理污泥在其中无对应项。根据《固体废物鉴别标准 通则》(GB 34330—2017),所涉及物料属于"环境治理和污染控制过程中产生的物质"中的"e)水净化和废水处理产生的污泥及其他废弃物质",因此可以判定其属于固体废物。

4.2.1.2　污染物迁移分析

通过分析涉及电子制造、电镀、印染等行业的 13 家重点企业的主要原辅材料、生产工艺流程和产污环节、废水产生和处理工艺流程及对其排放废水的初步检测,了解污水处理厂废水中可能含有的污染物,作为分析污水处理厂污泥鉴别因子的依据,重点企业的污染物迁移见图 4.2-1。

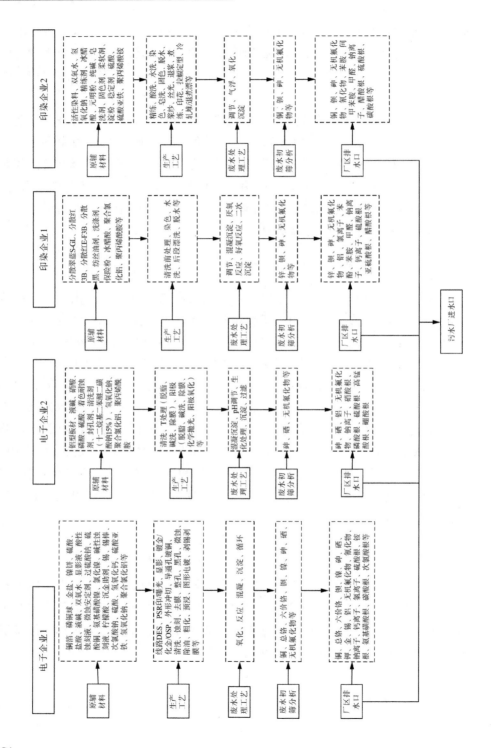

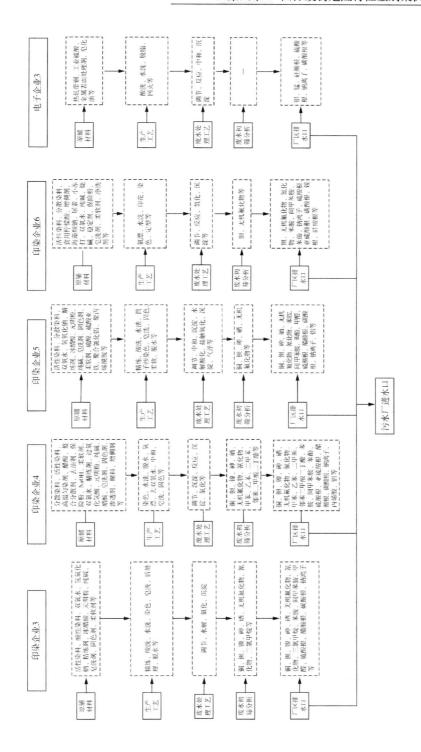

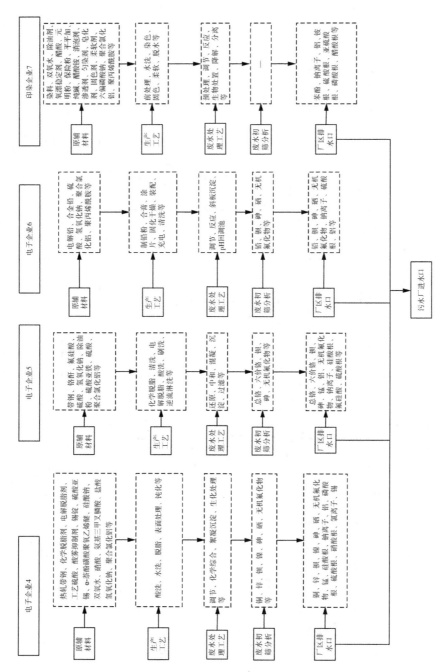

图 4.2-1 重点企业污染物迁移路线图

污水处理厂污泥中含有的污染物质迁移见图 4.2-2。

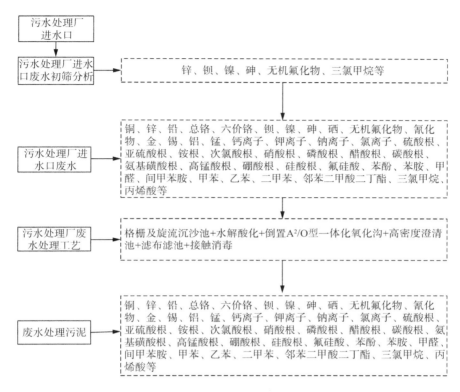

图 4.2-2　污水处理厂污染物迁移路线图

（1）根据以上企业污染物分析以及进口水质初筛结果，可判断出进入污水厂进水口废水中的物质有：铜、锌、铅、总铬、六价铬、钡、镍、砷、硒、无机氟化物、氰化物、金、锡、铝、锰、钙离子、钾离子、钠离子、氯离子、硫酸根、亚硫酸根、铵根、次氯酸根、硝酸根、磷酸根、醋酸根、碳酸根、氨基磺酸根、高锰酸根、硼酸根、硅酸根、氟硅酸、苯酚、苯胺、甲醛、间甲苯胺、甲苯、乙苯、二甲苯、邻苯二甲酸二丁酯、三氯甲烷、丙烯酸等。

（2）水处理过程中使用了聚丙烯酰胺（阳离子）、聚丙烯酰胺（阴离子）、聚合氯化铝（PAC）、盐酸和氯酸钠，可能会有少量铝离子、氯离子、钠离子物质随着废水进入废水处理污泥。

（3）根据进水口废水初筛分析，属于鉴别毒性标准中的物质有：锌、钡、镍、砷、无机氟化物、三氯甲烷等。

综上所述，与废水处理污泥危险性鉴别相关的主要污染因子有：铜、锌、铅、总铬、六价铬、钡、镍、砷、硒、无机氟化物、氰化物、金、锡、铝、锰、钙离子、钾离子、钠离子、氯离子、硫酸根、亚硫酸根、铵根、次氯酸根、硝酸根、磷酸根、醋酸根、碳酸根、氨基磺酸根、高锰酸根、硼酸根、硅酸根、氟硅酸、苯酚、苯胺、甲醛、间甲苯胺、甲苯、乙苯、二甲苯、邻苯二甲酸二丁酯、三氯甲烷、丙烯酸等。

4.2.1.3 鉴别因子分析

（1）可排除的危险特性：反应性、易燃性。

（2）腐蚀性鉴别因子分析

鉴别依据：重点企业生产过程中使用了大量的酸和碱。

鉴别因子：pH、腐蚀性速率检测。

（3）浸出毒性鉴别因子分析

鉴别依据：前期重点企业废水分析时检测出铜、锌、铅、总铬、六价铬、钡、镍、砷、硒、无机氟化物、氰化物，污泥样品无机元素初步检测结果中检出了铜、锌、总铬、钡、镍、砷、硒、无机氟化物、氰化物。前期重点企业废水分析时检测出甲苯、乙苯、二甲苯、邻苯二甲酸二丁酯、三氯甲烷，根据对重点接管企业原辅材料、生产工艺及污水处理工艺等分析，污泥中可能含有苯酚。

鉴别因子：无机化合物 11 项，有机化合物 6 项，见表 4.2-1。

表 4.2-1　浸出毒性分析项目

序号	危害成分	浸出液中危害成分 浓度限值(mg/L)	分析方法
无机元素及化合物			
1	铜（以总铜计）	100	GB 5085.3 附录 A、B、C、D
2	锌（以总锌计）	100	GB 5085.3 附录 A、B、C、D
3	铅（以总铅计）	5	GB 5085.3 附录 A、B、C、D
4	总铬	15	GB 5085.3 附录 A、B、C、D
5	六价铬	5	GB/T 15555.4—1995
6	钡（以总钡计）	100	GB 5085.3 附录 A、B、C、D
7	镍（以总镍计）	5	GB 5085.3 附录 A、B、C、D
8	砷（以总砷计）	5	GB 5085.3 附录 C、E
9	硒（以总硒计）	1	GB 5085.3 附录 B、C、E
10	无机氟化物（不包括氟化钙）	100	GB 5085.3 附录 F
11	氰化物（以 CN⁻计）	5	GB 5085.3 附录 G

序号	危害成分	浸出液中危害成分 浓度限值(mg/L)	分析方法
非挥发性有机化合物			
12	苯酚	13	GB 5085.3 附录 K
13	邻苯二甲酸二丁酯	2	GB 5085.3 附录 K
挥发性有机化合物			
14	甲苯	1	GB 5085.3 附录 O、P、Q
15	乙苯	4	GB 5085.3 附录 P
16	二甲苯	4	GB 5085.3 附录 O、P
17	三氯甲烷	3	GB 5085.3 附录 Q

注:GB/T15555.4—1995 即《固体废物 六价铬的测定 二苯碳酰二肼分光光度法》,下同。

（4）毒性物质含量鉴别因子分析

鉴别依据:通过对重点企业原辅料、污染物迁移及初步采样结果的分析可知,污水厂废水中可能含有铜、锌、铅、总铬、六价铬、钡、镍、砷、硒、无机氟化物、氰化物、金、锡、铝、锰、钙离子、钾离子、钠离子、氯离子、硫酸根、亚硫酸根、铵根、次氯酸根、硝酸根、磷酸根、醋酸根、碳酸根、氨基磺酸根、高锰酸根、硼酸根、硅酸根、氟硅酸等。根据《纺织染整工业水污染物排放标准》(GB 4287—2012)修改单中"增设'总锑'的排放控制要求",接管废水中可能含有苯胺、间甲苯胺等苯胺类物质,则污泥中可能会含有相关苯胺类以及一些同分异构体物质,如苯胺、间甲苯胺、邻甲苯胺、对甲苯胺,且在废水处理过程中可能氧化生成苯酚、间甲酚、对甲酚、邻甲酚。接管废水中可能含有的苯酚类物质在空气中极易氧化成苯醌,接管废水还可能有甲醛、邻苯二甲酸二丁酯、丙烯酸。

鉴别因子:剧毒物质 4 项,有毒物质 12 项,致癌性物质 3 项,生殖毒性物质 2项,具体见表 4.2-2。

表 4.2-2　毒性物质含量分析项目

序号	化学名	别名	分析方法
剧毒物质			
1	氯化钡	二氯化钡	GB 5085.3 附录 G
2	氯化硒	一氯化硒	GB 5085.3 附录 B、C、E
3	三氯化砷	氯化亚砷	GB 5085.3 附录 C、E
4	丙烯酸	2-丙烯酸	GB 5085.3 附录 I

序号	化学名	别名	分析方法
有毒物质			
5	氟化铅	二氟化铅	GB 5085.3 附录 F
6	氯化钡	二氯化钡	GB 5085.3 附录 A、B、C、D
7	锡及有机锡化合物	—	GB 5085.3 附录 B、D
8	锰	元素锰	GB 5085.3 附录 A、B、C、D
9	五氧化二锑	五氧化锑	GB 5085.3 附录 A、B、C、D、E
10	苯胺	氨基苯	GB 5085.6 附录 K
11	苯醌	对苯醌	GB 5085.3 附录 K
12	3-甲基苯胺	间甲苯胺	GB 5085.3 附录 K
13	4-甲基苯胺	对甲苯胺	GB 5085.3 附录 K
14	3-甲基苯酚	间甲酚	GB 5085.3 附录 K
15	4-甲基苯酚	对甲酚	GB 5085.3 附录 K
16	2-甲基苯酚	邻甲酚	GB 5085.3 附录 K
致癌性物质			
17	甲醛	福尔马林	GB 5085.6 附录 P
18	次硫化镍	二硫化三镍	GB 5085.3 附录 A、B、C、D
19	2-甲基苯胺	邻甲苯胺	GB 5085.3 附录 K、O
生殖毒性物质			
20	邻苯二甲酸二丁酯	1,2-苯二甲酸二丁酯	GB 5085.3 附录 K
21	六氟硅酸铅	氟硅酸铅	GB 5085.3 附录 A、B、C、D

（5）急性毒性初筛鉴别因子分析

鉴别依据：根据固体废物产生过程分析和所含主要污染物判断，本次鉴别固体废物基本可以正常接触皮肤，也不存在蒸气、烟雾或粉尘吸入造成的毒性，因此采用经口摄取后的口服毒性半数致死量 LD_{50}（小鼠经口）进行急性毒性初筛。

鉴别因子：口服毒性半数致死量 LD_{50}（小鼠经口）。

4.2.1.4　鉴别检测分析

（1）确定样品份样数

污水处理厂实际生产工况达到设计产能的 75% 以上，废水处理污泥平均每月的实际产生量为 1 272 t，根据《危险废物鉴别技术规范》的有关要求，确定企业废水处理污泥的最小份样数为 100 个。

（2）采样方法

采用 1 台带式压滤机和 2 台板框压滤机脱水，带式压滤机的采样方法：用勺式采样器于压滤机的出泥口进行采取；板框压滤机的采样方法：将压滤机各板框顺序编号，用 HJ/T 20 中的随机数表法抽取 1 个板框作为采样单元采取样品。采样时，在压滤脱水后取下板框，刮下废物，采取的样品作为一个份样。取样时，随机选取其中一台压滤机进行采样。

（3）采样过程

采样时间：企业废水处理过程产生的污泥样品分次在一个月内等时间间隔采集；每次采样在设备稳定运行的 8 h（或一个生产班次）内完成。每采集一次，作为 1 个份样，一共采集 100 个新鲜污泥样品。

现场记录：现场配备 2 名采样技术人员，分别负责采样和记录、校核；编制单位对取样过程进行了不定期的现场监督，确认采样符合技术规范和鉴别方案要求；企业相关负责人全程参与了采样过程。

采样当月污水处理厂运行负荷为 78%，企业新鲜污泥产生量为 1 812.4 t。进水水质基本达到污水处理厂接管标准，出水水质达到《城镇污水处理厂污染物排放标准》（GB 18918—2002）表 1 中一级 A 标准，认为处于正常的生产工况。

（4）检测结果判断

本次样品鉴别中污泥的超标份样数下限为 22 份，其中腐蚀性速率和急性毒性的检测需测定 32 个样品，检测结果一旦发现超标，则需要测定另外的 68 个样品，具体判断方案限值表见表 4.1-5。

根据鉴别结果，对照危险废物鉴别相关标准，本次鉴别的 100 个新鲜污泥样品中腐蚀性（pH、腐蚀性速率）、浸出毒性（铜、锌、铅、总铬、六价铬、钡、镍、砷、硒、无机氟化物、氰化物、乙苯、二甲苯、三氯甲烷、邻苯二甲酸二丁酯）、毒性物质含量（氯化硒、氰化钡、三氯化砷、丙烯酸、苯醌、氟化铅、3-甲基苯酚、2-甲基苯酚、4-甲基苯酚、3-甲基苯胺、4-甲基苯胺、氯化钡、锰、五氧化二锑、锡及有机锡化合物、苯胺、次硫化镍、甲醛、2-甲基苯胺、邻苯二甲酸二丁酯和六氟硅酸铅）、急性毒性初筛（LD$_{50}$），均不具有危险特性。14 个新鲜污泥样品的浸出毒性甲苯和苯酚 2 个指标检测结果大于浸出毒性鉴别标准中的相应标准限值（表 4.2-3）。

表 4.2-3 本次鉴别结果分析汇总表

序号	固体废物种类	危险特性	检测结果	鉴别结果
1	废水处理生化污泥	易燃性	—	不符合固态易燃性危险废物的鉴别条件,排除该污泥具有易燃性
2		反应性	—	不符合反应性鉴别标准中的任何条件,排除该污泥具有反应性
3		腐蚀性	100 个污泥样品中,所有样品的 pH 指标和其中 32 个样品的腐蚀性速率指标的检测结果均小于腐蚀性鉴别标准中的相应标准限值	不具有腐蚀性危险特性
4		浸出毒性	100 个污泥样品中,铜、锌、铅、总铬、六价铬、钡、镍、砷、硒、无机氟化物、氰化物、乙苯、二甲苯、三氯甲烷和邻苯二甲酸二丁酯 15 个指标中每个样品浸出毒性检测结果均小于浸出毒性鉴别标准中的相应标准限值;14 个样品的甲苯和苯酚 2 个指标检测结果大于浸出毒性鉴别标准中的相应标准限值,但未达到 22 个份样数的超标下限	不具有浸出毒性危险特性
5		毒性物质含量	100 个污泥样品中,每个样品的毒性物质含量及累加值均未达到毒性物质含量鉴别标准中的相应标准限值	不具有对应危险特性
6		急性毒性初筛	32 个污泥样品中,急性毒性 LD_{50}(小鼠经口)含量均大于标准限值 200 mg/kg 体重	不具有急性毒性危险特性

4.2.1.5 鉴别结论

根据《危险废物鉴别技术规范》的要求,份样数为 100 个的超标份样数下限为 22 个,本次超标份样数为 14 个,因此,根据现行危险废物鉴别标准体系可以判定,本次鉴别的污水处理厂废水处理生化污泥不具有危险特性。

4.2.2 以造纸和酿造行业为主的园区污水处理厂污泥

以造纸和酿造行业为主的工业园区的废水主要为高浓度有机废水,污染物以有机物为主,其中造纸废水中一般含有木素、残碱、硫化物、氯化物等污染物,而酿造废水中主要以残留淀粉、蛋白质、糖类等有机物为主,因此以造纸和酿造企业为主的工业园区,重点鉴别因子主要有苯系物、氯苯类、甲醛、乙醛等。从鉴别结果判断,以造纸和酿造企业为主的园区污水处理厂污泥均达不到危险废物鉴别标准的限值,基本可判定不具有危险特性。

4.2.2.1　固体废物来源分析

某园区污水处理厂产业类型主要为废纸造纸、酒精酿造等,企业共 9 家,设计废水处理量 3 万 t/天,项目取得环评批复并通过验收。鉴别前,污水处理厂实际废水处理量为 2.4 万 t/天,运行负荷为 80%,其中工业废水处理量约 2.28 万 t/天,占总处理水量的 95%,生活污水处理量约 0.12 万 t/天,占总处理水量的 5%,9 家企业中,5 家企业产业类型为废纸造纸,4 家为酒精酿造。本次鉴别的固体废物为该污水处理厂产生的废水处理污泥,企业环评中该污泥性质为"HW49 其他废物",但对照《名录》,该废水处理污泥在其中无对应项。根据《固体废物鉴别标准 通则》(GB 34330—2017),所涉及物料属于"环境治理和污染控制过程中产生的物质"中的"e)水净化和废水处理产生的污泥及其他废弃物质",因此可以判定其属于固体废物。

4.2.2.2　污染物迁移分析

通过分析全部 9 家重点企业的主要原辅材料、生产工艺流程和产污环节、废水产生和处理工艺流程及对其排放废水的初步检测,了解污水处理厂接管废水中可能含有的污染物,作为分析污水处理厂污泥鉴别因子的依据,企业的污染物迁移图如图 4.2-3 所示。

污水处理厂污泥中含有的污染物质迁移见图 4.2-4。

(1) 经企业污染物迁移分析,以及进口水质初筛,可判断出企业进入污水处理厂进水口废水中的物质有:植物纤维、多元葡萄糖、烷基烯酮二聚体、改性高分子蜡、氢氧化钠、铁离子、亚铁离子、二氧化钛、含水硅酸镁、聚酰胺聚胺环氧氯丙烷树脂、尿素、乙醇、甲醇、乙醛、甲醛、巴豆醛、α-1,4-葡萄糖水解酶、啤酒酵母干燥菌体、锌、镉、六价铬、镍、砷、氟化物、氰化物、钡、铝离子、硫酸根、氯离子、二氯甲烷、三氯甲烷、甲苯、对二甲苯、邻二甲苯、间二甲苯、1,4-二氯苯等。

(2) 水处理过程中使用了聚丙烯酰胺(阳离子)、聚丙烯酰胺(阴离子)、聚合硫酸铝铁(PAFS)、活性炭,可能会有少量铝离子、铁离子、硫酸根等物质随着废水进入废水处理污泥。

(3) 根据初筛分析属于鉴别毒性标准中的物质有:锌、镉、六价铬、总银、氟化物、氰化物、钡、二氯甲烷、甲苯、间二甲苯、1,4 二氯苯等。

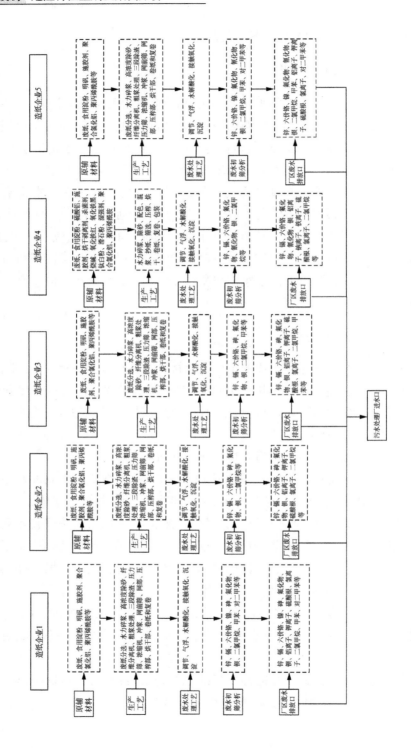

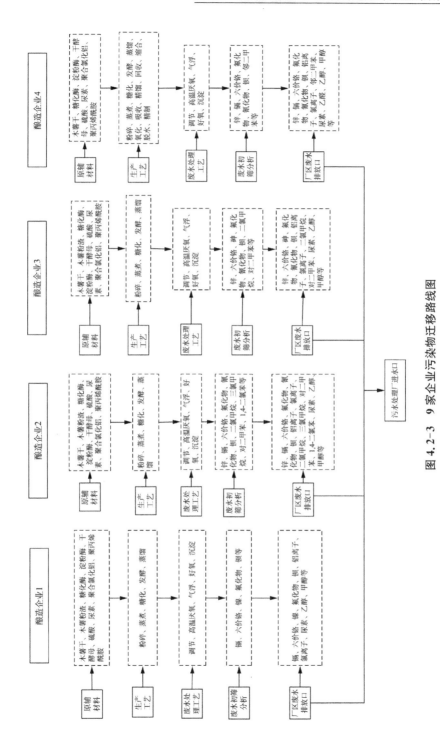

图 4.2-3　9 家企业污染物迁移路线图

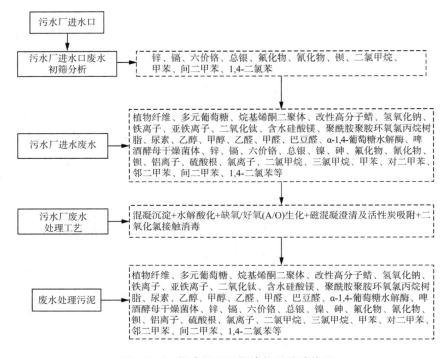

图 4.2-4 污水处理厂污染物迁移路线图

综上所述,与废水处理污泥危险性鉴别相关的主要污染因子有:植物纤维、多元葡萄糖、烷基烯酮二聚体、改性高分子蜡、氢氧化钠、铁离子、亚铁离子、二氧化钛、含水硅酸镁、聚酰胺聚胺环氧氯丙烷树脂、尿素、乙醇、甲醇、乙醛、甲醛、巴豆醛、α-1,4-葡萄糖水解酶、啤酒酵母干燥菌体、锌、镉、六价铬、总银、镍、砷、氟化物、氰化物、钡、铝离子、硫酸根、氯离子、二氯甲烷、三氯甲烷、甲苯、对二甲苯、邻二甲苯、间二甲苯、1,4-二氯苯等。

4.2.2.3 鉴别因子分析

(1)可排除的危险特性:反应性、易燃性。

(2)腐蚀性鉴别因子分析

鉴别依据:企业生产过程中使用了大量的酸和碱。

鉴别因子:pH、腐蚀性速率检测。

(3)浸出毒性鉴别因子分析

鉴别依据:前期企业废水分析时检测出锌、镉、钡、六价铬、总银、镍、砷、氟化物、氰化物,污泥样品无机元素初步检测结果中检出了锌、六价铬、钡、总银、砷、无机氟化物。前期企业废水、污水厂废水及污泥分析时检测出二氯甲烷、三氯甲烷、甲苯、对二甲苯、邻二甲苯、间二甲苯、1,3-二氯苯、1,4-二氯苯,接管废水中可能含有1,3-二氯苯、1,4-二氯苯,则污泥中可能会含有相关同分异构体物质1,2-二氯苯。

鉴别因子:无机物9项,有机物5项,见表4.2-4。

表4.2-4　浸出毒性分析项目

序号	危害成分	浸出液中危害成分 浓度限值(mg/L)	分析方法
无机元素及化合物			
1	锌(以总锌计)	100	GB 5085.3 附录 A、B、C、D
2	镉(以总镉计)	1	GB 5085.3 附录 A、B、C、D
3	六价铬	5	GB/T 15555.4—1995
4	总银	5	GB 5085.3 附录 A、B、C、D
5	镍(以总镍计)	5	GB 5085.3 附录 A、B、C、D
6	砷(以总砷计)	5	GB 5085.3 附录 C、E
7	无机氟化物(不包括氟化钙)	100	GB 5085.3 附录 F
8	氰化物(以 CN⁻计)	5	GB 5085.3 附录 G
9	钡(以总钡计)	100	GB 5085.3 附录 A、B、C、D
挥发性有机化合物			
10	甲苯	1	GB 5085.3 附录 O、P、Q
11	二甲苯	4	GB 5085.3 附录 O、P
12	三氯甲烷	3	GB 5085.3 附录 Q
13	1,2-二氯苯	4	GB 5085.3 附录 K、O、P、R
14	1,4-二氯苯	4	GB 5085.3 附录 K、O、P、R

(4)毒性物质含量鉴别因子分析

鉴别依据:通过对企业原辅料、污染物迁移及初步采样结果的分析可知,污水处理厂废水中可能含有植物纤维、多元葡萄糖、烷基烯酮二聚体、改性高分子蜡、氢氧化钠、铁离子、亚铁离子、二氧化钛、含水硅酸镁、聚酰胺聚胺环氧氯丙烷树脂、尿素、乙醇、甲醇、乙醛、甲醛、巴豆醛、α-1,4-葡萄糖水解酶、啤酒酵母干燥菌体、锌、镉、六价铬、总银、镍、砷、氟化物、氰化物、钡、铝离子、硫酸根、氯离子、二氯甲烷、三氯甲烷、甲苯、对二甲苯、邻二甲苯、间二甲苯、1,4-二氯苯等。接管废水中可能含1,4-二氯苯,则污泥中可能会含有相关同分异构体物质,如

1,2-二氯苯、1,3-二氯苯。接管废水中可能含有的甲醇、乙醇在废水处理过程中可能氧化生成甲醛、乙醛。接管废水中含有与毒性物质含量相关的有机物质有二氯甲烷、甲醇。

鉴别因子：剧毒物质2项，有毒物质8项，致癌性物质3项。具体见表4.2-5。

表 4.2-5 毒性物质含量分析项目

序号	化学名	别名	分析方法
剧毒物质			
1	氰化钡	二氰化钡	GB 5085.3 附录 G
2	砷酸钠	原砷酸钠、砷酸三钠盐	GB 5085.3 附录 C、E
有毒物质			
3	氟化锌	二氟化锌	GB 5085.3 附录 F
4	氯化钡	二氯化钡	GB 5085.3 附录 A、B、C、D
5	1,2-二氯苯	邻二氯苯	GB 5085.3 附录 K、O、P、R
6	1,3-二氯苯	间二氯苯	GB 5085.3 附录 K、O、P、R
7	1,4-二氯苯	对二氯苯	GB 5085.3 附录 K、O、P、R
8	二氯甲烷	亚甲基氯	GB 5085.3 附录 O、P
9	甲醇	木醇、木酒精	GB 5085.3 附录 O
10	乙醛	醋醛	GB 5085.6 附录 P
致癌性物质			
11	次硫化镍	二硫化三镍	GB 5085.3 附录 A、B、C、D
12	铬酸镉	—	GB 5085.3 附录 A、B、C、D
13	甲醛	蚁醛、福尔马林	GB 5085.6 附录 P

（5）急性毒性初筛鉴别因子分析

鉴别依据：根据固体废物产生过程分析和所含主要污染物判断，本次鉴别固体废物基本可以正常接触皮肤，也不存在蒸气、烟雾或粉尘吸入造成的毒性，因此采用经口摄取后的口服毒性半数致死量 LD_{50}（小鼠经口）进行急性毒性初筛。

鉴别因子：口服毒性半数致死量 LD_{50}（小鼠经口）。

4.2.2.4 鉴别检测分析

（1）确定样品份样数

污水处理厂实际生产工况达到设计产能的75%以上，废水处理污泥平均每月的实际产生量为 1 712.4 t,根据《危险废物鉴别技术规范》的有关要求,确定企业废水处理污泥的最小份样数为 100 个。

（2）采样方法

配有 3 台(2 用 1 备)带式污泥压滤机,在设备稳定运行时的一个生产班次内,用勺式采样器于带式压滤机的出泥口进行采取,取样时,随机选取其中一台压滤机进行采样。

（3）采样过程

采样时间:企业废水处理过程产生的污泥样品分次在一个月内等时间间隔采集;每次采样在设备稳定运行的 8 h(或一个生产班次)内完成。每采集一次,作为 1 个份样,一共采集 100 个新鲜污泥样品。

现场记录:现场配备 2 名采样技术人员,分别负责采样和记录、校核;编制单位对取样过程进行了不定期的现场监督,确认采样符合技术规范和鉴别方案要求;企业相关负责人全程参与了采样过程。

采样当月污水处理厂运行负荷为 80%,企业新鲜污泥产生量为 1 048.2 t。进水水质基本达到污水处理厂接管标准,出水水质达到《城镇污水处理厂污染物排放标准》(GB 18918—2002)表 1 中一级 A 标准,认为处于正常的生产工况。

（4）检测结果判断

本次样品鉴别中污泥的超标份样数下限为 22 份,其中急性毒性的检测需测定 50 个样品,检测结果一旦发现超标,则需要测定另外的 50 个样品,具体判断方案限值表见表 4.1-5。

根据鉴别结果分析,100 个新鲜污泥样品中腐蚀性(pH、腐蚀性速率)、浸出毒性(六价铬、镉、锌、镍、银、钡、砷、氰化物、无机氟化物、三氯甲烷、甲苯、1,2 -二氯苯、1,4 -二氯苯、对二甲苯、间二甲苯、邻二甲苯)、毒性物质含量(氰化钡、砷酸钠、氟化锌、氯化钡、1,2 -二氯苯、1,3 -二氯苯、1,4 -二氯苯、二氯甲烷、甲醇、乙醛、次硫化镍、铬酸镉、甲醛)、急性毒性初筛(LD_{50})对照《危险废物鉴别标准》中的鉴别标准,均不具有危险特性。

4.2.2.5　鉴别结论

根据《危险废物鉴别技术规范》的要求,份样数为 100 个的超标份样数下限为 22 个,本次超标份样数为 0 个,因此,根据现行危险废物鉴别标准体系可以判定,本次鉴别的污水处理厂废水处理污泥不具有危险特性(表 4.2-6)。

表 4.2-6 本次鉴别结果分析汇总表

序号	固体废物种类	危险特性	检测结果	鉴别结果
1	废水处理污泥	易燃性	—	不符合固态易燃性危险废物的鉴别条件,排除该污泥具有易燃性
2		反应性	—	不符合反应性鉴别标准中的任何条件,排除该污泥具有反应性
3		腐蚀性	100 个污泥样品中,所有样品的 pH 指标和腐蚀性速率指标的检测结果均小于腐蚀性鉴别标准中的相应标准限值	不具有腐蚀性危险特性
4		浸出毒性	100 个污泥样品中,六价铬、镉、锌、镍、银、钡、砷、氰化物、无机氟化物、三氯甲烷、甲苯、1,2-二氯苯、1,4-二氯苯、对二甲苯、间二甲苯、邻二甲苯 16 个指标中每个样品浸出毒性检测结果均小于浸出毒性鉴别标准中的相应标准限值	不具有浸出毒性危险特性
5		毒性物质含量	100 个污泥样品中,每个样品的毒性物质含量及累加值均未达到毒性物质含量鉴别标准中的相应标准限值	不具有对应危险特性
6		急性毒性初筛	50 个污泥样品中,急性毒性 LD_{50}(小鼠经口)含量均远大于标准限值 200 mg/kg 体重	不具有急性毒性危险特性

4.2.3 化工园区污水处理厂污泥

据中华人民共和国应急管理部数据,截至目前,全国已认定公布超过 600 个化工园区。化工园区废水综合了化工、造纸、医药等众多行业的废水,由于各行业生产过程、工艺、原材料等的不同,使其综合废水有机污染物的成分繁多,且毒性及不易降解物质多,而废水处理污泥作为废水处理的二次产物,其中的污染物大部分来自废水,相较于市政污泥,工业污泥黏度大、无机物比例高,尤其是来自化学、制药工业的污泥,因其含有高浓度的污染成分,必须妥善处置。

根据《关于化工等行业生产废水物化处理污泥属性判定的复函》(环办函〔2014〕1549 号)要求:① 化工等行业属于危险废物的生产废液不作为生产废水进行管理,其物化处理过程中产生的污泥适用《名录》(2016 年版)中 HW49 类其他废物中"危险废物物化处理过程中产生的废水处理污泥和残渣"。② 未纳入危险废物管理的化工等行业生产废水或废液物化处理过程中产生的污泥不适用

《名录》(2016 年版)中 HW49 类其他废物中"危险废物物化处理过程中产生的废水处理污泥和残渣",其属性判定按照《固体废物污染环境防治法》的规定进行,明确列入《名录》的化工等行业废水处理污泥,则属于危险废物;未列入《名录》的,应根据危险废物鉴别标准和鉴别方法予以判定。因此,在《名录》未修订之前,化工园区产生的废水处理物化污泥严格作为危险废物处理,生化污泥未列入《名录》的可开展鉴别。随着《名录》的修订,删除了 HW49 类其他废物中"危险废物物化处理过程中产生的废水处理污泥和残渣",对照《名录》(2021 年版),化工行业的物化污泥没有了对应项,但不能排除其危险特性,因此需开展危险废物鉴别。

化工园区的废水处理污泥的鉴别过程中重点关注因子主要以有机污染物为主,具体包括常规重金属类、无机氟化物、氰化物、锰、铍、锡、钛、苯系物、硝基苯、氯苯类、氯代苯类、苯酚类、醇类、醛类、丙酮、苯胺类、乙腈、二甲基甲酰胺、农药类、苯肼、丙烯腈、环氧乙烷等。根据目前的鉴别结果判断,大部分化工生化污泥和混合污泥均未达到危险废物鉴别标准的限值,可判定不具有危险特性。

4.2.3.1 固体废物来源分析

某园区污水处理厂接管废水来自新材料产业园区的精细化工、石化产业园区、船舶产业园区的生产废水和新城区的生活污水,其中主要企业约 40 余家。设计废水处理量为 2 万 t/天,实际废水处理量为 15 137 t/天,占设计水量的75.7%,其中工业废水处理量约 8 248 t/天,占总处理水量的 54.5%,生活污水处理量约 6 889 t/天,占总处理水量的 45.5%。其中 12 家化工企业废水排放量较大,约占工业废水量的 90%,主要涉及精细化工、化工新材料、制药和农药生产等。本次鉴别对象为污水处理厂混合污泥,环评中,该污泥性质为一般固体废物,验收批复中要求进行危险特性鉴别。对照《名录》,该废水处理污泥在其中无对应项。根据《固体废物鉴别标准 通则》(GB 34330—2017),所涉及物料属于"环境治理和污染控制过程中产生的物质"中的"e)水净化和废水处理产生的污泥及其他废弃物质",因此可以判定其属于固体废物。

4.2.3.2 污染物迁移分析

通过分析涉及精细化工、化工新材料、制药和农药生产的 12 家重点企业的主要原辅材料、生产工艺流程和产污环节、废水产生和处理工艺流程及对其排放废水的初步检测,了解污水处理厂接管废水中可能含有的污染物,作为分析污水处理厂污泥鉴别因子的依据,企业的污染物迁移图如图 4.2-5 所示。

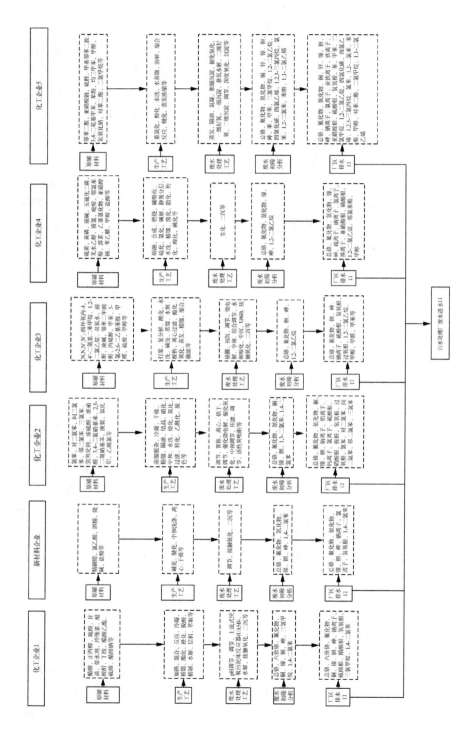

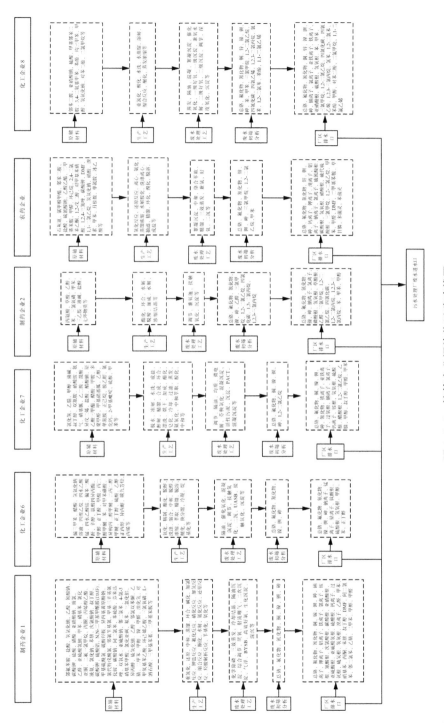

图 4.2-5　接管企业污染物迁移路线图

污水处理厂污泥中含有的污染物质迁移见图 4.2-6。

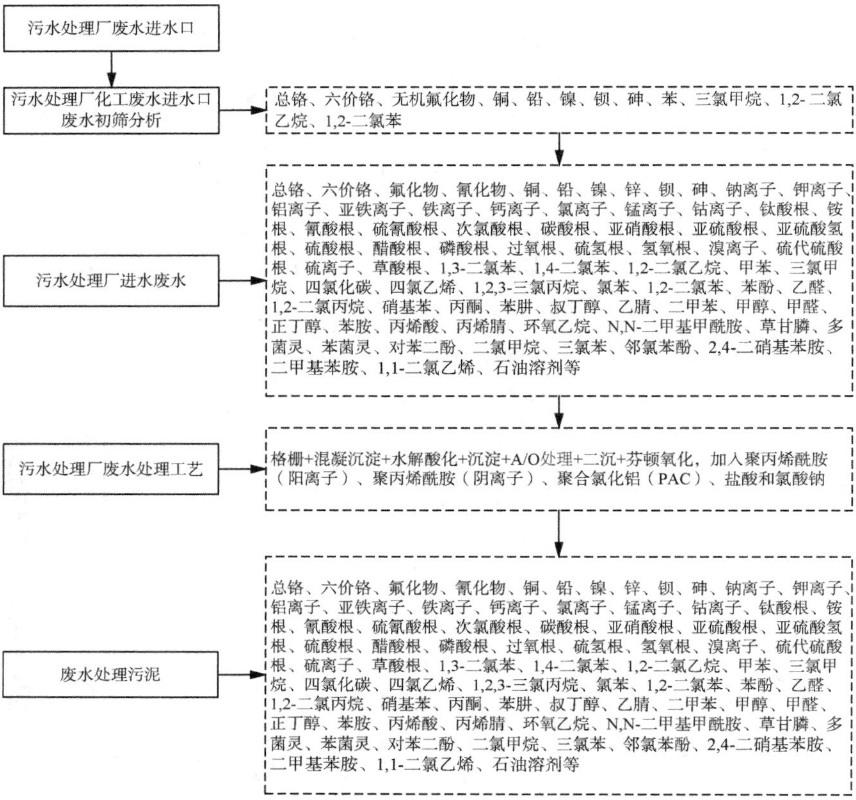

```
┌─────────────────────────┐
│   污水处理厂废水进水口      │
└─────────────────────────┘
            │
            ▼
┌─────────────────────────┐      ┌─────────────────────────────────────────────┐
│  污水处理厂化工废水进水口    │─────▶│ 总铬、六价铬、无机氟化物、铜、铅、镍、钡、砷、苯、三氯甲烷、1,2-二氯│
│    废水初筛分析            │      │ 乙烷、1,2-二氯苯                                │
└─────────────────────────┘      └─────────────────────────────────────────────┘

                                 ┌─────────────────────────────────────────────┐
                                 │ 总铬、六价铬、氟化物、氰化物、铜、铅、镍、锌、钡、砷、钠离子、钾离子、│
                                 │ 铝离子、亚铁离子、铁离子、钙离子、氯离子、锰离子、钴离子、钛酸根、铵  │
                                 │ 根、氰酸根、硫氰酸根、次氯酸根、碳酸根、亚硝酸根、亚硫酸根、亚硫酸氢  │
┌─────────────────────────┐      │ 根、硫离子、草酸根、1,3-二氯苯、1,4-二氯苯、1,2-二氯乙烷、甲苯、三氯甲│
│    污水处理厂进水废水       │─────▶│ 烷、四氯化碳、四氯乙烯、1,2,3-三氯丙烷、氯苯、1,2-二氯苯、苯酚、乙醛、│
└─────────────────────────┘      │ 1,2-二氯丙烷、硝基苯、丙酮、苯肼、叔丁醇、乙腈、二甲苯、甲醇、甲醛、   │
                                 │ 正丁醇、苯胺、丙烯酸、丙烯腈、环氧乙烷、N,N-二甲基甲酰胺、草甘膦、多 │
                                 │ 菌灵、苯菌灵、对苯二酚、二氯甲烷、三氯苯、邻氯苯酚、2,4-二硝基苯胺、  │
                                 │ 二甲基苯胺、1,1-二氯乙烯、石油溶剂等                      │
                                 └─────────────────────────────────────────────┘

┌─────────────────────────┐      ┌─────────────────────────────────────────────┐
│   污水处理厂废水处理工艺     │─────▶│ 格栅+混凝沉淀+水解酸化+沉淀+A/O处理+二沉+芬顿氧化，加入聚丙烯酰胺│
└─────────────────────────┘      │ （阳离子）、聚丙烯酰胺（阴离子）、聚合氯化铝（PAC）、盐酸和氯酸钠   │
                                 └─────────────────────────────────────────────┘

                                 ┌─────────────────────────────────────────────┐
                                 │ 总铬、六价铬、氟化物、氰化物、铜、铅、镍、锌、钡、砷、钠离子、钾离子、│
                                 │ 铝离子、亚铁离子、铁离子、钙离子、氯离子、锰离子、钴离子、钛酸根、铵  │
                                 │ 根、氰酸根、硫氰酸根、次氯酸根、碳酸根、亚硝酸根、亚硫酸根、亚硫酸氢  │
┌─────────────────────────┐      │ 根、硫离子、草酸根、1,3-二氯苯、1,4-二氯苯、1,2-二氯乙烷、甲苯、三氯甲│
│     废水处理污泥           │─────▶│ 烷、四氯化碳、四氯乙烯、1,2,3-三氯丙烷、氯苯、1,2-二氯苯、苯酚、乙醛、│
└─────────────────────────┘      │ 1,2-二氯丙烷、硝基苯、丙酮、苯肼、叔丁醇、乙腈、二甲苯、甲醇、甲醛、多│
                                 │ 正丁醇、苯胺、丙烯酸、丙烯腈、环氧乙烷、N,N-二甲基甲酰胺、草甘膦、多 │
                                 │ 菌灵、苯菌灵、对苯二酚、二氯甲烷、三氯苯、邻氯苯酚、2,4-二硝基苯胺、  │
                                 │ 二甲基苯胺、1,1-二氯乙烯、石油溶剂等                      │
                                 └─────────────────────────────────────────────┘
```

图 4.2-6　污水处理厂污染物迁移路线图

（1）经企业污染物迁移分析，以及进口水质初筛结果，可判断出企业进入污水厂进水口废水中的物质有：总铬、六价铬、氟化物、氰化物、铜、铅、镍、锌、钡、砷、钠离子、钾离子、铝离子、亚铁离子、铁离子、钙离子、氯离子、锰离子、钴离子、硫离子、钛酸根、铵根、氰酸根、硫氰酸根、次氯酸根、碳酸根、亚硝酸根、亚硫酸根、亚硫酸氢根、硫酸根、醋酸根、磷酸根、过氧根、硫氢根、氢氧根、溴离子、硫代硫酸根、草酸根、1,3-二氯苯、1,4-二氯苯、1,2-二氯乙烷、甲苯、苯、三氯甲烷、四氯化碳、四氯乙烯、1,2,3-三氯丙烷、氯苯、1,2-二氯苯、苯酚、乙醛、1,2-二氯丙烷、硝基苯、丙酮、苯肼、叔丁醇、乙腈、二甲苯、甲醇、甲醛、正丁醇、苯胺、丙烯酸、丙烯腈、环氧乙烷、N,N-二甲基甲酰胺（DMF）、草甘膦、多菌灵、苯菌灵、对苯二酚、二氯甲烷、三氯苯、邻氯苯酚、2,4-二硝基苯胺、二甲基苯胺、1,1-二氯乙烯、石油溶剂等。

（2）水处理过程中使用了聚丙烯酰胺（阳离子）、聚丙烯酰胺（阴离子）、聚合氯化铝（PAC）、硫酸、液碱、双氧水、硫酸亚铁等，可能会有少量铝离子、氯离子、钠离子、亚铁离子、铁离子、硫酸根、过氧根、氢氧根随着废水进入废水处理污泥。

（3）根据初筛分析，属于毒性鉴别标准中的物质有：总铬、六价铬、无机氟化物、铜、铅、镍、钡、砷、苯、三氯甲烷、1,2-二氯乙烷、1,2-二氯苯等。

综上所述，与废水处理污泥危险性鉴别相关的主要污染因子有：总铬、六价铬、氟化物、氰化物、铜、铅、镍、锌、钡、砷、钠离子、钾离子、铝离子、亚铁离子、铁离子、钙离子、氯离子、锰离子、钴离子、钛酸根、铵根、氰酸根、硫氰酸根、次氯酸根、碳酸根、亚硝酸根、亚硫酸根、亚硫酸氢根、硫酸根、醋酸根、磷酸根、过氧根、硫氢根、氢氧根、溴离子、硫代硫酸根、硫离子、草酸根、1,3-二氯苯、1,4-二氯苯、1,2-二氯乙烷、苯、甲苯、三氯甲烷、四氯化碳、四氯乙烯、1,2,3-三氯丙烷、氯苯、1,2-二氯苯、苯酚、乙醛、1,2-二氯丙烷、硝基苯、丙酮、苯肼、叔丁醇、乙腈、二甲苯、甲醇、甲醛、正丁醇、苯胺、丙烯酸、丙烯腈、环氧乙烷、N,N-二甲基甲酰胺、草甘膦、多菌灵、苯菌灵、对苯二酚、二氯甲烷、三氯苯、邻氯苯酚、2,4-二硝基苯胺、二甲基苯胺、1,1-二氯乙烯、石油溶剂。

4.2.3.3　鉴别因子分析

（1）可排除的危险特性：反应性、易燃性。

（2）腐蚀性鉴别因子分析

鉴别依据：重点企业生产过程中使用了大量的酸和碱。

鉴别因子：pH、腐蚀性速率检测。

（3）浸出毒性鉴别因子分析

鉴别依据：前期重点企业废水分析时检测出总铬、六价铬、氟化物、氰化物、铜、铅、镍、锌、钡、砷，污泥样品无机元素初步检测结果中检出了钡、镍、无机氟化物。前期重点企业废水分析时检测出苯、甲苯、二甲苯、氯苯、1,2-二氯苯、1,4-二氯苯、三氯甲烷、四氯化碳、四氯乙烯、苯酚，根据对重点企业原辅材料、生产工艺及污水处理工艺等分析，污泥样品中可能含有丙烯腈和硝基苯。

鉴别因子：无机物 10 项，有机物 12 项，见表 4.2-7。

表 4.2-7　浸出毒性分析项目

序号	危害成分	浸出液中危害成分浓度限值(mg/L)	分析方法
无机元素及化合物			
1	铜(以总铜计)	100	GB 5085.3 附录 A、B、C、D
2	锌(以总锌计)	100	GB 5085.3 附录 A、B、C、D
3	铅(以总铅计)	5	GB 5085.3 附录 A、B、C、D
4	总铬	15	GB 5085.3 附录 A、B、C、D
5	六价铬	5	GB/T 15555.4—1995
6	钡(以总钡计)	100	GB 5085.3 附录 A、B、C、D
7	镍(以总镍计)	5	GB 5085.3 附录 A、B、C、D
8	砷(以总砷计)	5	GB 5085.3 附录 C、E
9	无机氟化物(不包括氟化钙)	100	GB 5085.3 附录 F
10	氰化物(以 CN⁻计)	5	GB 5085.3 附录 G
非挥发性有机化合物			
11	硝基苯	20	GB 5085.3 附录 J
12	苯酚	3	GB 5085.3 附录 K
挥发性有机化合物			
13	苯	1	GB 5085.3 附录 O、P、Q
14	甲苯	1	GB 5085.3 附录 O、P、Q
15	二甲苯	4	GB 5085.3 附录 O、P
16	氯苯	2	GB 5085.3 附录 O、P
17	1,2-二氯苯	4	GB 5085.3 附录 K、O、P、R
18	1,4-二氯苯	4	GB 5085.3 附录 K、O、P、R
19	丙烯腈	20	GB 5085.3 附录 O
20	三氯甲烷	3	GB 5085.3 附录 Q
21	四氯化碳	0.3	GB 5085.3 附录 Q
22	四氯乙烯	1	GB 5085.3 附录 Q

（4）毒性物质含量鉴别因子分析

鉴别依据：通过对重点企业原辅料和污染物迁移的分析，企业使用的原辅料中含有总铬、六价铬、氟化物、氰化物、铜、铅、镍、锌、钡、砷、钠离子、钾离子、铝离子、亚铁离子、铁离子、钙离子、氯离子、锰离子、钴离子、钛酸根、铵根、氰酸根、硫氰酸根、次氯酸根、碳酸根、亚硝酸根、亚硫酸根、亚硫酸氢根、硫酸根、醋酸根、磷酸根、过氧根、硫氢根、氢氧根、溴离子、硫代硫酸根、硫离子、草酸根等。接管废水中含有与毒性物质含量相关的有机物质有:1,3-二氯苯、1,4-二氯苯、1,2-二氯乙烷、苯、1,2,3-三氯丙烷、1,2-二氯苯、乙醛、1,2-二氯丙烷、丙酮、苯肼、叔丁醇、乙腈、甲醇、甲醛、正丁醇、苯胺、丙烯酸、丙烯腈、环氧乙烷、N,N-二甲基甲酰胺、草甘膦、多菌灵、苯菌灵、对苯二酚、二氯甲烷、三氯苯、邻氯苯酚、2,4-二硝基苯胺、二甲基苯胺、1,1-二氯乙烯、石油溶剂等。

鉴别因子:剧毒物质3项,有毒物质31项,致癌性物质7项,致突变性物质2项,生殖毒性物质1项。具体见表4.2-8。

表 4.2-8　毒性物质含量分析项目

序号	化学名	别名	分析方法
	剧毒物质		
1	丙烯酸	2-丙烯酸	GB 5085.3 附录 I
2	氰化钡	二氰化钡	GB 5085.3 附录 G
3	砷酸钠	原砷酸钠、砷酸三钠盐	GB 5085.3 附录 C、E
	有毒物质		
4	苯胺	氨基苯	GB 5085.6 附录 K
5	1,4-苯二酚	对苯二酚;氢醌	GB 5085.3 附录 K
6	苯肼	肼基苯	GB 5085.3 附录 K
7	苯菌灵	苯来特	GB 5085.3 附录 L
8	丙酮	2-丙酮	GB 5085.3 附录 O
9	草甘膦	N-(磷酰甲基)甘氨酸、镇草宁	GB 5085.6 附录 L
10	1-丁醇	正丁醇	GB 5085.3 附录 O
11	叔丁醇	1,1-二甲基乙醇	GB 5085.3 附录 O
12	多菌灵	棉萎灵	GB 5085.3 附录 L
13	N,N-二甲基甲酰胺	二甲基甲酰胺	GB 5085.3 附录 K
14	1,2-二氯苯	邻二氯苯	GB 5085.3 附录 K、O、P、R
15	1,3-二氯苯	间二氯苯	GB 5085.3 附录 K、O、P、R
16	1,4-二氯苯	对二氯苯	GB 5085.3 附录 K、O、P、R
17	二氯甲烷	亚甲基氯	GB 5085.3 附录 O、P
18	氟化铅	二氟化铅	GB 5085.3 附录 F
19	甲醇	木醇;木酒精	GB 5085.3 附录 O
20	2-氯苯酚	邻氯苯酚、2-氯-1-羟基苯、2-羟基氯苯	GB 5085.3 附录 K
21	氯化钡	二氯化钡	GB 5085.3 附录 A、B、C、D

序号	化学名	别名	分析方法
22	锰	元素锰	GB 5085.3 附录 A、B、C、D
23	1,2,3-三氯苯	连三氯苯	GB 5085.3 附录 R
24	1,2,4-三氯苯	不对称三氯苯	GB 5085.3 附录 K、M、O、P、R
25	1,3,5-三氯苯	对称三氯苯	GB 5085.3 附录 R
26	1,2,3-三氯丙烷	三氯丙烷;烯丙基三氯	GB 5085.3 附录 O、P
27	钛	钛粉	GB 5085.3 附录 A、B
28	乙腈	氰化甲烷;甲基氰	GB 5085.3 附录 O
29	乙醛	醋醛	GB 5085.6 附录 P
30	1,3-二氯丙烯、1,2-二氯丙烷及其混合物	滴滴混剂、氯丙混剂	GB 5085.3 附录 O、P
31	亚乙烯基氯	1,1-二氯乙烯	GB 5085.3 附录 O、P
32	2,4-二硝基苯胺	间二硝基苯胺	GB 5085.3 附录 K、GB 5085.6 附录 K
33	石油溶剂	—	GB 5085.6 附录 O
34	N,N-二甲基苯胺	二甲基氨基苯	GB 5085.3 附录 K
致癌性物质			
35	苯	安息油	GB 5085.3 附录 O、P
36	丙烯腈	2-丙烯腈	GB 5085.3 附录 O
37	甲醛	福尔马林	GB 5085.6 附录 P
38	次硫化镍	二硫化三镍	GB 5085.3 附录 A、B、C、D
39	1,2-二氯乙烷	二氯化乙烯	GB 5085.3 附录 O、P
40	铬酸铬	—	GB 5085.3 附录 A、B、C、D
41	硫酸钴	硫酸钴(Ⅱ)	GB 5085.3 附录 A、B、C、D
致突变性物质			
42	铬酸钠	铬酸二钠盐	GB 5085.3 附录 A、B、C、D
43	环氧乙烷	氧化乙烯	GB 5085.3 附录 O
生殖毒性物质			
44	醋酸铅	乙酸铅	GB 5085.3 附录 A、B、C、D

（5）急性毒性初筛鉴别因子分析

鉴别依据：根据固体废物产生过程分析和所含主要污染物判断，本次鉴别固体废物基本可以正常接触皮肤，也不存在蒸气、烟雾或粉尘吸入造成的毒性，因此采用经口摄取后的口服毒性半数致死量 LD_{50}（小鼠经口）进行急性毒性初筛。

鉴别因子：口服毒性半数致死量 LD_{50}（小鼠经口）。

4.2.3.4　鉴别检测分析

（1）确定样品份样数

污水处理厂实际生产工况达到设计产能的 75％以上，废水处理污泥平均每月的实际产生量为 766.86 t，根据《危险废物鉴别技术规范》的有关要求，确定企业废水处理污泥的最小份样数为 80 个。为进一步检测物化污泥的危险特性，于西沉池采样物化污泥，采样份样数为 3 份。

（2）采样方法

采用 1 台离心脱水机脱水，采样时，用勺式采样器于压滤机的出泥口进行采样。西沉池的物化污泥直接在西沉池采集。

（3）采样过程

采样时间：企业废水处理过程产生的污泥样品分次在一个月内等时间间隔采集；每次采样在设备稳定运行的 8 h（或一个生产班次）内完成。每采集一次，作为1 个份样，一共采集 80 个新鲜污泥样品。3 个物化污泥样品随机选择 3 天采集。

现场记录：现场配备 2 名采样技术人员，分别负责采样和记录、校核；编制单位对取样过程进行了不定期的现场监督，确认采样符合技术规范和鉴别方案要求；企业相关负责人全程参与了采样过程。

采样当月污水处理厂运行负荷为 90.7％，企业新鲜污泥产生量为631.5 t。进水水质均达到污水处理厂接管标准，出水水质达到《城镇污水处理厂污染物排放标准》（GB 18918—2002）表 1 中一级 A 标准，认为处于正常的生产工况。

（4）检测结果判断

本次样品鉴别中污泥的超标份样数下限为 15 个，其中腐蚀性速率和急性毒性检测需测定 30 个样品，检测结果一旦发现超标，则需要测定另外的 50 个样品，具体判断方案限值表见表 4.1－5。

根据鉴别结果分析，对照《危险废物鉴别标准》，80 个新鲜污泥样品（腐蚀性速率和急性毒性初筛检测为 30 个样品）和 3 个物化污泥样品中腐蚀性（pH、腐蚀性速率）、浸出毒性（总铬、六价铬、氟化物、氰化物、铜、铅、镍、锌、钡、砷、苯、甲苯、二甲苯、氯苯、1,2-二氯苯、1,4-二氯苯、三氯甲烷、四氯化碳、四氯乙烯、苯酚、丙烯腈和硝基苯）、毒性物质含量（丙烯酸、氰化钡、砷酸钠、苯胺、1,4-苯二酚、苯肼、苯菌灵、丙酮、草甘膦、1-丁醇、叔丁醇、多菌灵、N,N-二甲基甲酰胺、1,2-二氯苯、1,3-二氯苯、1,4-二氯苯、二氯甲烷、氟化铅、甲醇、2-氯苯酚、氯化钡、锰、1,2,3-三氯苯、1,2,4-三氯苯、1,3,5-三氯苯、1,2,3-三氯丙烷、钛、乙腈、乙醛、1,3-二氯丙烯和1,2-二氯丙烷及其混合物、亚乙烯基氯、2,4-二硝基苯胺、石油溶剂、N,N-二甲基苯胺、苯、丙烯腈、甲醛、次硫化镍、1,2-二氯乙烷、铬酸铬、硫酸钴、铬酸钠、环氧乙烷、醋酸铅)、急性毒性初筛(LD$_{50}$)均不具有危险特性(表4.2-9)。

表4.2-9 本次鉴别结果分析汇总表

序号	固体废物种类	危险特性	检测结果	鉴别结果
1		易燃性	—	不符合固态易燃性危险废物的鉴别条件,排除该污泥具有易燃性
2		反应性	—	不符合反应性鉴别标准中的任何条件,排除该污泥具有反应性
3		腐蚀性	80个污泥样品中,所有样品的pH指标和其中30个样品的腐蚀性速率指标的检测结果均小于腐蚀性鉴别标准中的相应标准限值,3个物化污泥样品的pH指标和腐蚀性速率指标的检测结果均小于腐蚀性鉴别标准中的相应标准限值	不具有腐蚀性危险特性
4	废水处理混合污泥	浸出毒性	80个污泥样品和3个物化污泥样品中,总铬、六价铬、氟化物、氰化物、铜、铅、镍、锌、钡、砷、苯、甲苯、二甲苯、氯苯、1,2-二氯苯、1,4-二氯苯、三氯甲烷、四氯化碳、四氯乙烯、苯酚、丙烯腈和硝基苯22个指标中每个样品浸出毒性检测结果均小于浸出毒性鉴别标准中的相应标准限值	不具有浸出毒性危险特性
5		毒性物质含量	80个污泥样品和3个物化污泥样品中,每个样品的毒性物质含量(丙烯酸、氰化钡、砷酸钠、苯胺、1,4-苯二酚、苯肼、苯菌灵、丙酮、草甘膦、1-丁醇、叔丁醇、多菌灵、N,N-二甲基甲酰胺、1,2-二氯苯、1,3-二氯苯、1,4-二氯苯、二氯甲烷、氟化铅、甲醇、2-氯苯酚、氯化钡、锰、1,2,3-三氯苯、1,2,4-三氯苯、1,3,5-三氯苯、1,2,3-三氯丙烷、钛、乙腈、乙醛、1,3-二氯丙烯和1,2-二氯丙烷及其混合物、亚乙烯基氯、2,4-二硝基苯胺、石油溶剂、N,N-二甲基苯胺、苯、丙烯腈、甲醛、次硫化镍、1,2-二氯乙烷、铬酸铬、硫酸钴、铬酸钠、环氧乙烷、醋酸铅44个指标)及累加值均未达到毒性物质含量鉴别标准中的相应标准限值	不具有对应危险特性

序号	固体废物种类	危险特性	检测结果	鉴别结果
6	废水处理混合污泥	急性毒性初筛	30个污泥样品和3个物化污泥样品中,急性毒性 LD_{50}(小鼠经口)含量均大于标准限值200 mg/kg体重	不具有急性毒性危险特性

4.2.3.5 鉴别结论

根据《危险废物鉴别技术规范》的要求,份样数为 80 个的超标份样数下限为 15 个,本次超标份样数为 0 个,因此,根据现行危险废物鉴别标准体系可以判定,本次鉴别的污水处理厂废水处理混合污泥不具有危险特性。

4.3 其他重点固体废物危险特性鉴别

4.3.1 废盐

废盐是指主要成分为无机盐的固体废弃物,如工业生产过程中排出的各种废渣、粉尘等废物,它们主要来源于农药、制药、精细化工、印染等多个行业。目前技术条件下经济可行的废盐处置路线较少,企业废盐处置困难。废盐通过焚烧不能明显减量,现阶段主要靠填埋,因其来源广泛,种类繁多,有毒有害物质含量高,具有处置难度大、成本高、危害环境等特点,如不合理处置,将会对环境造成重大隐患。

废盐来源从属性来分主要有两大类,一类是水处理,包括纯水制备、化学制备(软化)、高盐废水处理;一类为化工生产副合成产物。根据已有的鉴别结果判断,废盐中的主要污染物一般为重金属、无机氟化物、表氯醇、亚苄基二氯、苯醌、2-氯苯酚、3-氯苯酚、氯酚、α-氯甲苯等,检测结果均低于危险废物鉴别标准的限值,一般认定为不具有相应的危险特性。

4.3.1.1 固体废物来源分析

某公司主要从事材料合成生产,本次鉴别对象为精制工段产生的高浓含盐废水经蒸发析盐处理产生的副产工业盐,环评中要求进行危险特性鉴别。对照《名录》,该工业盐在其中无对应项。根据《固体废物鉴别标准 通则》(GB 34330—2017),所涉及物料属于"生产过程中产生的副产物"中的"c)在物质合成、裂解、分馏、蒸馏、溶解、沉淀以及其他过程中产生的残余物质",因此可以判定其属于固体废物。

4.3.1.2 污染物迁移分析

通过对企业主要原辅材料、生产工艺流程和产污环节、废水产生和处理工艺流程分析以及固体废物的产生情况分析,判断相关物质的迁移和转换路线,见图4.3-1。

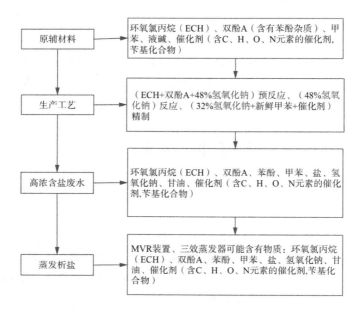

图 4.3-1 污染物迁移路线图

(1)原辅材料中和副产工业盐有关的主要是环氧树脂生产时用到的原辅料,主要包含环氧氯丙烷(ECH)、双酚 A(含有苯酚杂质)、甲苯、液碱、催化剂(含 C、H、O、N 元素的催化剂,苄基化合物)。

(2)与副产工业盐相关的工艺主要是预反应、反应和精制工段,可能转化、进入生产高浓含盐废水中的物质有:预反应阶段,双酚 A 和环氧氯丙烷原料在碱性条件下产生缩合反应,其中投加过量环氧氯丙烷,未反应完全的微量双酚 A 以及双酚 A 中含有的苯酚杂质、过量环氧氯丙烷、氢氧化钠,以及反应生成的双酚 A 型环氧树脂、盐、甘油进入反应单元。反应阶段,均匀滴加 48%液碱继续进行缩合反应,此过程微量双酚 A(包含苯酚杂质)、环氧氯丙烷、氢氧化钠,以及反应生成的双酚 A 型环氧树脂、盐、甘油进入精制单元。精制阶段,将甲苯加入精制釜中,用来溶解粗树脂,并在碱性条件下加入苄基化合物作为相转移催化剂,反应结束后继续加入甲苯,萃取粗树脂,随后通过静置分层,含盐废水进入废水罐。

由于环氧氯丙烷化学性质活泼,水解时会先生成 α-氯甘油,再生成甘油,且精制阶段有甲苯作为溶剂存在,所以该过程中不能够排除有 α-氯甲苯存在的可能性。

因此可能进入高浓废水的物质主要有盐、氢氧化钠、环氧氯丙烷、双酚 A(包含苯酚杂质)、甲苯、甘油、双酚 A 型环氧树脂、α-氯甲苯、催化剂(苄基化合物)。

(3)本项目副产工业盐为高浓含盐废水,经 MVR 装置(一种高效节能蒸发设备)或三效蒸发器蒸发析盐后所得,因此,副产工业盐中可能存在的物质有:环氧氯丙烷(ECH)、双酚 A、苯酚、甲苯、盐、氢氧化钠、甘油、催化剂(含 C、H、O、N 元素的催化剂,苄基化合物)。

4.3.1.3 鉴别因子分析

(1)可排除的危险特性:反应性、易燃性。

(2)腐蚀性鉴别因子分析

鉴别依据:原辅料使用液碱,且副产工业盐中可能含有氢氧化钠。

鉴别因子:pH、腐蚀性速率检测。

(3)浸出毒性鉴别因子分析

鉴别依据:初步的样品分析表明,副产工业盐浸出液中检出极少量锌、钡、汞、砷、镍、无机氟化物,考虑到企业使用的原辅料中含有甲苯和双酚 A 中的杂质苯酚,浸出毒性鉴别还应包括甲苯和苯酚。

鉴别因子:无机物 6 项,有机物 2 项,见表 4.3-1。

表 4.3-1 浸出毒性分析项目

序号	危害成分	浸出液中危害成分浓度限值(mg/L)	分析方法
无机元素及化合物			
1	锌(以总锌计)	100	GB 5085.3 附录 A、B、C、D
2	钡(以总钡计)	100	GB 5085.3 附录 A、B、C、D
3	砷(以总砷计)	5	GB 5085.3 附录 C、E
4	汞(以总汞计)	0.1	GB 5085.3 附录 B
5	镍(以总镍计)	5	GB 5085.3 附录 A、B、C、D
6	无机氟化物(不包括氟化钙)	100	GB 5085.3 附录 F
非挥发性和挥发性有机化合物			
7	甲苯	1	GB 5085.3 附录 O、P、Q
8	苯酚	3	GB 5085.3 附录 K

（4）毒性物质含量鉴别因子分析

鉴别依据：原辅材料中含有环氧氯丙烷、α-氯甲苯和苯酚，且副产工业盐中可能存在苄基化合物催化剂。苯酚在空气中容易氧化成苯醌，另外，由于本项目原辅材料中含有大量的氯，在复杂的化学反应条件下，不排除苯酚被氯化成3-氯苯酚、2-氯苯酚和一氯苯酚的可能性。根据原辅材料分析和副产工业盐的初步检测分析，其中锌、钡、砷、汞、无机氟化物、锑为初步检测检出物质，且原辅材料中含有钠、氯。

鉴别因子：剧毒物质2项，有毒物质9项，致癌性物质1项，具体见表4.3-2。

表4.3-2　毒性物质含量分析项目

序号	化学名	别名	分析方法
剧毒物质			
1	氯化汞	氯化汞（Ⅱ）、二氯化汞	GB 5085.3 附录 B
2	三氯化砷	氯化亚砷	GB 5085.3 附录 C、E
有毒物质			
3	表氯醇	环氧氯丙烷	GB 5085.3 附录 O、P
4	亚苄基二氯	苄基二氯、α,α-二氯甲苯	GB 5085.3 附录 R
5	苯醌	对苯醌	GB 5085.3 附录 K
6	2-氯苯酚	邻氯苯酚、2-氯-1-羟基苯、2-羟基氯苯	GB 5085.3 附录 K
7	3-氯苯酚	间氯苯酚、3-氯-1-羟基苯、间羟基氯苯	GB 5085.3 附录 K
8	氯酚	一氯苯酚	GB 5085.3 附录 K
9	氟化锌	二氟化锌	GB 5085.3 附录 F
10	氯化钡	二氯化钡	GB 5085.3 附录 A、B、C、D
11	锑粉	金属锑	GB 5085.3 附录 A、B、C、D
致癌性物质			
12	α-氯甲苯	苄基氯	GB 5085.3 附录 O、P、R

（5）急性毒性初筛鉴别因子分析

鉴别依据：根据固体废物产生过程分析和所含主要污染物判断，本次鉴别固体废物基本可以正常接触皮肤，也不存在蒸气、烟雾或粉尘吸入造成的毒性，因此采用经口摄取后的口服毒性半数致死量 LD_{50}（小鼠经口）进行急性毒性初筛。

鉴别因子：口服毒性半数致死量 LD_{50}（小鼠经口）。

4.3.1.4　鉴别检测分析

（1）确定样品份样数

企业实际生产工况达到设计产能的 75％以上，企业副产工业盐平均每月的产生量为 3 769 t，根据《危险废物鉴别技术规范》的有关要求，确定企业废水处理污泥的最小份样数为 100 个。

（2）采样方法

在卸除副产工业盐过程中采取样品，根据副产工业盐性状分别使用长铲式采样器、套筒式采样器或者探针进行采样。本项目仅有一个卸料口，因此需要对卸料口进行预先清洁，并适当排出副产工业盐后再采取样品。采样时，用布袋（桶）接住料口，按所需份样量等时间间隔放出废物。每接取一次副产工业盐，作为一个份样。

（3）采样过程

采样时间：样品的采集在一个月内完成，选取生产工艺、高浓含盐废水处理设施运行正常的工作日进行。每次采样在设备稳定运行的 8 h（一个生产班次）等时间间隔完成，一共采集 100 个副产工业盐样品。

现场记录：现场配备 2 名采样技术人员，分别负责采样和记录、校核；编制单位对取样过程进行了不定期的现场监督，确认采样符合技术规范和鉴别方案要求；企业相关负责人全程参与了采样过程。

采样当月企业生产负荷为 109.95％，可认为企业处于正常生产工况，企业副产工业盐产生量为 4 077.6 t。

（4）检测结果判断

本次样品鉴别中污泥的超标份样数下限为 22 份，其中腐蚀性速率和急性毒性初筛为 10 个样品，检测结果一旦发现超标，则需要测定另外的 90 个样品，具体判断方案限值表见表 4.1-5。

根据鉴别结果分析，100 个副产工业盐样品中腐蚀性（pH、腐蚀性速率）、浸出毒性（汞、锌、钡、镍、砷、无机氟化物、甲苯和苯酚）、毒性物质含量（氯化汞、三氯化砷、表氯醇、亚苄基二氯、苯醌、2-氯苯酚、3-氯苯酚、氯酚、氟化锌、氯化钡、锑粉、α-氯甲苯）、急性毒性初筛（LD_{50}）对照《危险废物鉴别标准》，均不具有危险特性（表 4.3-3）。

表 4.3-3 本次鉴别结果分析汇总表

序号	固废种类	危险特性	检测结果	鉴别结果
1		易燃性	—	不符合固态易燃性危险废物的鉴别条件,排除该新鲜污泥具有易燃性
2		反应性	—	不符合反应性鉴别标准中的任何条件,排除该新鲜污泥具有反应性
3	副产盐	腐蚀性	100 个副产工业盐样品中每个样品的 pH 检测和 10 个副产工业盐样品中腐蚀性速率检测结果均小于腐蚀性鉴别标准中的相应标准限值	不具有腐蚀性危险特性
4		浸出毒性	100 个副产工业盐样品中,汞、锌、钡、镍、砷、无机氟化物、甲苯和苯酚 8 个指标中每个样品浸出毒性检测结果均小于浸出毒性鉴别标准中的相应标准限值	不具有浸出毒性危险特性
5		毒性物质含量	100 个副产工业盐样品中,每个样品中的氯化汞、三氯化砷、表氯醇、亚苄基二氯、苯醌、2-氯苯酚、3-氯苯酚、氯酚、氟化锌、氯化钡、锑粉、α-氯甲苯 12 个指标毒性物质含量均未达到毒性物质含量鉴别标准中的相应标准限值	不具有毒性物质含量危险特性
6		急性毒性初筛	10 个副产工业盐样品中,急性毒性 LD_{50}(小鼠经口)含量均大于标准限值 200 mg/kg 体重	不具有急性毒性危险特性

4.3.1.5 鉴别结论

根据《危险废物鉴别技术规范》的要求,份样数为 100 个的超标份样数下限为 22 个,本次超标份样数为 0 个,因此,根据现行危险废物鉴别标准体系可以判定,本次鉴别的副产工业盐不具有危险特性。

4.3.2 污染土壤

为保护和改善生态环境,防治土壤污染,保障公众健康,推动土壤资源永续利用,《中华人民共和国土壤污染防治法》(以下简称《土壤法》)于 2019 年 1 月 1 日颁布实施。其中第四十一条要求:"修复施工单位转运污染土壤的,应当制定转运计划,将运输时间、方式、线路和污染土壤数量、去向、最终处置措施等,提前报所在地和接收地生态环境主管部门。转运的污染土壤属于危险废物的,修复施工单位应当依照法律法规和相关标准的要求进行处置。"2019 年 4 月 30 日，生态环境部部长信箱就"污染土壤外运是否需要对其进行危废鉴定"的问题进行了回复。回复如下："一、关于判断异位修复的污染土壤外运是否要进行危废鉴定的有关程序 1. 鉴别是否属于固体废物。主要依据是：《固体废物鉴别标准通则》（GB 34330—2017）中'4 依据产生来源的固体废物鉴别'和'6 不作为固体废物管理的物质'的有关规定：'在污染地块修复、处置过程中，采用下列任何一种方式处置或利用的污染土壤属于固体废物：1）填埋；2）焚烧；3）水泥窑协同处置；4）生产砖、瓦、筑路材料等其他建筑材料''修复后作为土壤用途使用的污染土壤不作为固体废物管理'。2. 经鉴别属于固体废物的，需要进行危废鉴定。"《土壤法》及相关回复均要求加强外运污染土壤的管理，明确污染土壤具体危险特性，确定其合理的处置去向。污染土壤重点关注因子主要依据前期场地土壤调查结果和初步检测分析结果。

4.3.2.1 固体废物来源分析

根据某地块调查报告，某地块共检出 22 项污染因子，分别为 pH、砷、镉、铜、铅、汞、镍、总石油烃、苯并[a]蒽、苯并[a]芘、苯并[b]荧蒽、苯并[k]荧蒽、䓛、二苯并[a,h]蒽、茚并[1,2,3-cd]芘、萘、邻苯二甲酸二（2-乙基己基）酯、乙苯、甲苯、间二甲苯、对二甲苯及邻二甲苯，其中砷、总石油烃和苯并[a]芘等因子超过《土壤环境质量 建设用地土壤污染风险管控标准（试行）》（GB 36600—2018）规定的土壤污染风险筛选值，该地块属于污染地块，修复土壤总体积约为 18 298 m³，修复面积为 9 344 m²。根据《土壤法》及生态环境部部长信箱回复，对照《固体废物鉴别标准 通则》（GB 34330—2017），该地块受污染土壤需修复，修复施工单位拟将受污染土壤转运进行水泥窑协同处置，该土壤属于上述鉴别标准中"在污染地块修复、处理过程中，采用下列任何一种方式处置或利用的污染土壤：3）水泥窑协同处置"，因此可以判定其属于固体废物。

4.3.2.2 污染物迁移分析

（1）初步调查阶段

经初步分析，地块的特征污染物指标为 pH、总石油烃、甲苯以及重金属类。共布设土壤点位 34 个，采样深度 6 m，共检测土壤 47 项指标，检出 14 项（pH、砷、镉、铜、铅、汞、镍、总石油烃、苯并[a]蒽、苯并[a]芘、苯并[b]荧蒽、苯并[k]荧蒽、䓛、茚并[1,2,3-cd]芘），其中超出筛选值的有 2 项指标（砷和总石油烃），超出筛选值的点位共计 7 个,土壤污染深度分布在 0~5 m,污染超出筛选值的样本多分布在 0~3 m。

（2）详细调查阶段

A 地块详细调查布设 15 个土壤点,测定的 62 项因子中,共检出 16 项,包括砷、镉、铬、铜、铅、镍、锌、汞、总石油烃、苯并[a]蒽、苯并[a]芘、苯并[b]荧蒽、苯并[k]荧蒽、䓛、茚并[1,2,3-cd]芘、邻苯二甲酸二(2-乙基己基)酯,检出因子的含量均未超过筛选值。B 地块布设 37 个土壤点,测定的 62 项因子中,共检出 18 项,包括砷、镉、铬、铜、铅、镍、锌、汞、总石油烃、苯并[a]蒽、苯并[a]芘、苯并[b]荧蒽、苯并[k]荧蒽、䓛、二苯并[a,h]蒽、茚并[1,2,3-cd]芘、萘、邻苯二甲酸二(2-乙基己基)酯,仅总石油烃和苯并[a]芘两项因子的含量超过筛选值。C 地块布设 34 个土壤点,测定的 62 项因子中,共检出 21 项,包括砷、镉、铜、铅、汞、镍、总石油烃、苯并[a]蒽、苯并[a]芘、苯并[b]荧蒽、苯并[k]荧蒽、䓛、二苯并[a,h]蒽、茚并[1,2,3-cd]芘、萘、邻苯二甲酸二(2-乙基己基)酯、乙苯、甲苯、间二甲苯、对二甲苯及邻二甲苯。仅总石油烃和苯并[a]芘两项因子的含量超过筛选值。

（3）检出污染物

砷、镉、铜、铅、汞、镍、总石油烃、苯并[a]蒽、苯并[a]芘、苯并[b]荧蒽、苯并[k]荧蒽、䓛、二苯并[a,h]蒽、茚并[1,2,3-cd]芘、萘、邻苯二甲酸二(2-乙基己基)酯、乙苯、甲苯、间二甲苯、对二甲苯及邻二甲苯。

（4）可能含有的污染物

砷、镉、铜、铅、汞、镍、总石油烃、苯并[a]蒽、苯并[a]芘、苯并[b]荧蒽、苯并[k]荧蒽、二苯并[a,h]蒽、邻苯二甲酸二(2-乙基己基)酯、乙苯、甲苯、间二甲苯、对二甲苯及邻二甲苯、酚类、醌类。

4.3.2.3　鉴别因子分析

（1）可排除的危险特性:反应性、易燃性。

（2）腐蚀性鉴别因子分析

鉴别依据:场地内局部土壤呈重度碱化、极重度碱化(pH 最大值为 11.42)。

鉴别因子:pH、腐蚀性速率检测。

（3）浸出毒性鉴别因子分析

鉴别依据:初步检测浸出液中有铜、总铬、钡、镍、砷、汞和无机氟化物检出。从场地检测结果分析,污染场地中检测出了砷、镉、铜、铅、汞、镍、乙苯、甲苯、间二甲苯、对二甲苯、邻二甲苯、乙苯、二甲苯和苯并[a]芘。

　　鉴别因子:无机物 9 项,有机物 4 项,见表 4.3-4。

表 4.3-4　浸出毒性分析项目

序号	危害成分	浸出液中危害成分浓度限值(mg/L)	分析方法
无机元素及化合物			
1	铜	100	HJ 781
2	镉	1	HJ 781
3	铅	5	HJ 781
4	总铬	15	HJ 781
5	钡	100	HJ 781
6	镍	5	HJ 781
7	砷	5	HJ 702
8	汞	0.1	HJ 702
9	无机氟化物	100	GB 5085.3 附录 F
非挥发性有机化合物			
10	苯并[a]芘	0.0003	HJ 950
挥发性有机化合物			
11	甲苯	1	HJ 760
12	乙苯	4	HJ 760
13	二甲苯	4	HJ 760

　　注:HJ 781 即《固体废物 22 种金属元素的测定　电感耦合等离子体发射光谱法》,HJ 702 即《固体废物　汞、砷、硒、铋、锑的测定　微波消解/原子荧光法》,HJ 950 即《固体废物　多环芳烃的测定　气相色谱-质谱法》,HJ 760 即《固体废物　挥发性有机物的测定　顶空-气相色谱法》,下同。

　　(4) 毒性物质含量鉴别因子分析

　　鉴别依据:通过对场地使用情况、场地调查结果、污染物迁移及初步采样结果的分析可知,土壤中可能含有铜、镉、总铬、铅、钡、镍、砷、汞和无机氟化物等无机物,在土壤中主要的化学形态为 AsO_4^{3-}、CdS、$CdSO_4$、$CdCO_3$、$Cu(II)$、$Pb(OH)_2$、$PbCO_3$ 或 $PbSO_4$、Hg、$NiFe_2O_4$、$NiAl_2O_4$、NiS 等。根据对场地调查结果和初步检测结果的分析可知,土壤中可能有石油溶剂、苯并[a]蒽、苯并[a]芘、苯并[b]荧蒽、苯并[k]荧蒽、二苯并[a,h]蒽、邻苯二甲酸二(2-乙基己基)酯。

　　鉴别因子:剧毒物质 2 项,有毒物质 4 项,致癌性物质 8 项,致突变性物质 3 项,生殖毒性物质 1 项,具体见表 4.3-5。

表 4.3-5 毒性物质含量分析项目

序号	化学名	别名	分析方法
剧毒物质			
1	砷酸钠(以元素砷为分析目标,以该化合物计)	原砷酸钠、砷酸三钠盐	HJ 702
2	氯化汞	氯化汞(Ⅱ)、二氯化汞	HJ 702
有毒物质			
3	氯化钡	二氯化钡	HJ 781
4	氟化铅	二氟化铅	GB 5085.3 附录 F
5	邻苯二甲酸二(2-乙基己基)酯	邻苯二甲酸乙基己基酯	HJ 951
6	石油溶剂		GB 5085.6 附录 O
致癌性物质			
7	硫酸镉	硫酸镉盐(1∶1)	HJ 781
8	铬酸铬	铬酸铬(Ⅲ)	HJ 781
9	砷酸及其盐(以元素砷为分析目标,以该化合物计)	—	HJ 702
10	硫化镍	—	HJ 781
11	苯并[a]蒽	1,2-苯并蒽	HJ 951
12	苯并[b]荧蒽	3,4-苯并荧蒽、2,3-苯并荧蒽	HJ 951
13	苯并[k]荧蒽	8,9-苯并荧蒽、11,12-苯并荧蒽	HJ 951
14	二苯并[a,h]蒽	1,2∶5,6-二苯并蒽	HJ 951
致突变性物质			
15	氟化镉	二氟化镉	HJ 781
16	铬酸钠(以元素铬为分析目标,以该化合物计)	铬酸二钠盐	HJ 781
17	苯并[a]芘	—	HJ 951
生殖毒性物质			
18	二盐基磷酸铅	磷酸铅	HJ 781

注:HJ 951 即《固体废物 半挥发性有机物的测定 气相色谱-质谱法》,下同。

(5) 急性毒性初筛鉴别因子分析

鉴别依据:根据固体废物产生过程分析和所含主要污染物判断,本次鉴别固体废物基本可以正常接触皮肤,也不存在蒸气、烟雾或粉尘吸入造成的毒性,因此采用经口摄取后的口服毒性半数致死量 LD_{50}(小鼠经口)进行急性毒性初筛。

鉴别因子:口服毒性半数致死量 LD_{50}(小鼠经口)。

4.3.2.4　鉴别检测分析

（1）确定样品份样数

需修复的土壤总体积约为 23 618 m³，按照土壤密度 2.65 g/cm³ 来计算，本次待鉴别的修复土壤的质量为 62 587.7 t。根据《危险废物鉴别技术规范》的有关要求，固体废物为历史堆存状态时，应以堆存的固体废物总量为依据，按照规范中表 1 确定需要采集的最小份样数，最小份样数为 100 个。结合本项目污染地块的具体情况适当增加份样数，确定待鉴别固体废物的份样数为 183 个。同时依据《危险废物鉴别技术规范》中"水体环境、污染地块治理与修复过程产生的，需要按照固体废物进行处理处置的水体沉积物及污染土壤等环境介质，以及突发环境事件及其处理过程中产生的固体废物，如鉴别过程已经根据污染特征进行分类，可适当减少采样份样数，每类固体废物的采样份样数不少于 5 个"的原则，需补充采样 28 个份样数，总计 211 个份样数。

（2）采样方法

按照每个修复区域污染土壤的体积及深度、每个修复区域土壤的总修复体积占比，合理分配 150 个样品的分布，即每个修复区域的样品份样数＝该修复区域污染土壤体积/总污染土壤体积×总样品份样数（150 个样品），然后依据每个修复区域垂直采样深度分层采样的要求适当增加部分样品，根据场地调查结果，在 B2、B3、B4 和 B5 原生产区域的重污染区，适当增加采样点位，最终采集 183 个样品。

每个区域的样品采样方案按照下列方法采集：依据《危险废物鉴别技术规范》中"b）敞口贮存池或不可移动大型容器中的固体废物"的采样方法，本次采样在每个修复区域污染面积内划分为 $5N$ 个面积相等的网格，顺序编号；用 HJ/T 20 中的随机数表法抽取 N 个网格作为采样单元采取样品。采样时，在网格的中心处用土壤采样器或长铲式采样器垂直插入废物底部，旋转 90° 后抽出。每采取一次，作为一个份样。同时每个区域划分网格时确保网格里的取样点位包含该区域的土壤的取样点位。

污染厚度大于 2 m 时，应分为上部、中部、下部三层分别采取样品，每层结合场地调查结果的点位超标深度等份样数采取；污染厚度大于 0.5 m 小于等于 2 m 时，则按照上部、下部两层分别采取样品，每层也结合场地调查结果的点位超标深度等份样数采取；污染厚度小于等于 0.5 m，则采取 1 个样品。

补充采样：依据《危险废物鉴别技术规范》中"每类固体废物的采样份样数不

少于 5 个"的原则,在相关区域补充采集 28 个样品。

(3) 采样过程

采样时间:一次性采集全部污染土壤样品。

现场记录:采样现场采样技术人员 2 名,分别负责采样和记录、校核;编制单位对取样过程进行了全程的现场监督,确认采样符合技术规范和鉴别方案要求;委托单位人员全程参与了采样过程。

(4) 检测结果判断

根据《危险废物鉴别技术规范》的规定,在对固体废物样品进行检测后,本次检测中如果检测结果超过《危险废物鉴别标准》中相应标准限值的份样数下限值,即可判定该固体废物具有该种危险特性。本次样品鉴别中污染土壤的超标份样数下限为 22 份(腐蚀性速率和急性毒性初筛检测需测定 14 个样品,一旦出现超标情况,即对另 197 个样品复测),具体判断方案限值表见表 4.1-5。

根据鉴别结果分析,211 个固体废物样品中腐蚀性(pH、腐蚀性速率)、浸出毒性(铜、镉、总铬、铅、钡、镍、砷、汞、无机氟化物、甲苯、乙苯、二甲苯和苯并[a]芘)、毒性物质含量(砷酸钠、氯化汞、氯化钡、氟化铅、邻苯二甲酸二(2-乙基己基)酯、石油溶剂、硫酸镉、铬酸铬、砷酸及其盐、硫化镍、苯并[a]蒽、苯并[b]荧蒽、苯并[k]荧蒽、二苯并[a,h]蒽、氟化镉、铬酸钠、苯并[a]芘、磷酸铅)、急性毒性初筛(LD_{50})对照《危险废物鉴别标准》中的鉴别标准,均不具有危险特性(表4.3-6)。

表 4.3-6　本次鉴别结果分析汇总表

序号	固体废物种类	危险特性	检测结果	鉴别结果
1	污染土壤	易燃性	—	不符合固态易燃性危险废物的鉴别条件,排除该固体废物具有易燃性
2		反应性	—	不符合反应性鉴别标准中的任何条件,排除该固体废物具有反应性
3		腐蚀性	211 个样品中,所有样品的 pH 指标和其中 14 个偏离值最大的样品的腐蚀性速率指标的检测结果均小于腐蚀性鉴别标准中的相应标准限值	不具有腐蚀性危险特性

序号	固体废物种类	危险特性	检测结果	鉴别结果
4	污染土壤	浸出毒性	211 个样品中,铜、镉、铅、总铬、钡、镍、砷、汞、无机氟化物、甲苯、乙苯、二甲苯和苯并[a]芘 13 个指标浸出毒性检测结果均小于浸出毒性鉴别标准中的相应标准限值	不具有浸出毒性危险特性
5		毒性物质含量	211 个样品中,每个样品的毒性物质含量(砷酸钠、氯化汞、氯化钡、氟化铅、邻苯二甲酸二(2-乙基己基)酯、石油溶剂、硫酸镉、铬酸铬、砷酸及其盐、硫化镍、苯并[a]蒽、苯并[b]荧蒽、苯并[k]荧蒽、二苯并[a,h]蒽、氟化镉、铬酸钠、苯并[a]芘、磷酸铅 18 个指标)及累加值均未达到毒性物质含量鉴别标准中的相应标准限值	不具有毒性物质含量相应危险特性
6		急性毒性初筛	14 个污染最严重区域的样品急性毒性初筛 LD$_{50}$(小鼠经口)含量均大于标准限值 200 mg/kg 体重	不具有急性毒性危险特性

4.3.2.5　鉴别结论

根据《危险废物鉴别技术规范》的要求,份样数为 211 个的超标份样数下限为 22 个,本次超标份样数为 0 个,因此,根据现行危险废物鉴别标准体系可以判定,本次鉴别的污染土壤不具有危险特性。

4.3.3　飞灰

根据《名录》,HW18(焚烧处置残渣)仅包括生活垃圾焚烧飞灰,危险废物焚烧、热解等处置过程产生的底渣、飞灰和废水处理污泥,危险废物等离子体、高温熔融等处置过程产生的非玻璃态物质和飞灰,固体废物焚烧过程中废气处理产生的废活性炭。因此除上述飞灰外,其余飞灰不属于 HW18(焚烧处置残渣)。但按照该名录第六条"对不明确是否具有危险特性的固体废物,应当按照国家规定的危险废物鉴别标准和鉴别方法予以认定"的规定,除上述 HW18 以外的不能排除具有危险特性的飞灰,需要进行危险特性鉴别。经鉴别具有危险特性的,属于危险废物,经鉴别不具有危险特性的,不属于危险废物。

掺烧一般工业污泥的热电联产企业产生的焚烧飞灰,不在《名录》里,但不能排除其危险特性,因此需进行危险特性鉴别,明确其属性,该类飞灰鉴别过程中需要重点关注的鉴别因子主要有重金属和二噁英等。根据已有的鉴别结果判断,掺烧一般工业污泥的热电联产企业产生的焚烧飞灰虽有样品超标,但未达到

《危险废物鉴别技术规范》中规定的超标份样数,因此经鉴别后不具有危险特性。

4.3.3.1 固体废物来源分析

某公司为热电联产企业,建设污泥生物质固体燃料掺烧项目,将经过干化后含水率在35%左右的生化污泥颗粒燃料少量掺入煤中进行焚烧处置。该项目已取得环评批复,暂未验收。企业蒸汽、电设计生产规模分别为200万 t/年、48 180万(kW·h)/年,鉴别前实际蒸汽生产量占设计产能的94.7%,实际电生产量占设计产能的50.4%。本次鉴别的飞灰是污泥生物质固体燃料与燃煤按照一定比例(年平均掺烧比例为8.55%)混配入锅炉燃烧后,经布袋除尘器收集产生,掺烧污泥生物质固体燃料来源仅限于某水处理厂的生化污泥,为一般工业固体废物,且污泥掺烧比例不超过13%。环评中未明确其属性,环评批复中要求进行危险特性鉴别。对照《名录》,该废物在其中无对应项。根据《固体废物鉴别标准 通则》所涉及物料属于"环境治理和污染控制过程中产生的物质"中的"h)固体废物焚烧炉产生的飞灰、底渣等灰渣",因此可以判定其属于固体废物。

4.3.3.2 污染物迁移分析

通过对企业主要原辅材料、生产工艺流程和产污环节、废气产生和处理工艺流程分析以及固体废物的产生情况分析,判断相关物质的迁移路线,见图4.3-2。

(1)原辅料中与本次鉴别相关的主要为污泥生物质和煤,通过对污泥生物质的初筛检测分析可知,污泥生物质中检出的物质主要包括铜、钡、镍、锑、钴、汞等重金属,另外,市政污泥中一般也会含有钠、铝、铁、氯、硫、有机物等;煤中的主要成分为碳、氢、氧、氮、磷、硫以及极少量重金属。

(2)污泥在深度脱水过程中添加石灰作为调理剂,脱水后经蒸汽干化,干化后的污泥生物质与煤掺混后加入锅炉进行焚烧,锅炉内设炉内喷钙,温度在850~1 000 ℃,停留时间超过2 s,焚烧过程中会产生烟气。重金属会以气态或者吸附在烟气表面的形式存在,烟气中可能含有的物质包括铜、钡、镍、锑、钴、汞、钠、铝、铁、磷、钙、二氧化硫、二氧化碳、氮氧化物、氯化物等。本工程所用燃料为燃煤和污泥,污泥来自市政污水处理厂,污泥中有机物、氯元素,在燃烧不充分的情况下,可能会生成二噁英。

(3)烟气经布袋除尘器+SNCR脱硝系统+氨-硫酸铵湿法脱硫系统处理后排放,布袋除尘器收集到的烟尘即为本次鉴别对象——飞灰。根据相关文献研究表明,飞灰中还可能含有的物质包括铬、硒、镉、铍、氟化物。

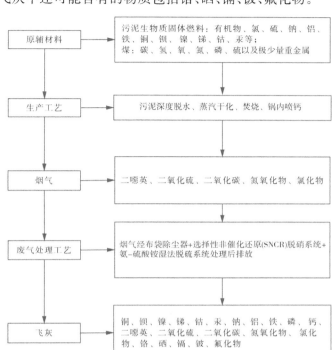

图 4.3-2 污染物迁移路线图

综上所述,飞灰中可能含有铜、钡、镍、锑、钴、汞、钠、铝、铁、磷、钙、二噁英、氯化物、铬、硒、镉、铍、氟化物,主要污染物分析包括:铜、钡、镍、锑、钴、汞、钠、铝、铁、磷、钙、二噁英、二氧化硫、二氧化碳、氮氧化物、氯化物、铬、硒、镉、铍、氟化物等。

4.3.3.3 鉴别因子分析

(1)可排除的危险特性:反应性、易燃性。

(2)腐蚀性鉴别因子分析

鉴别依据:飞灰中含有大量呈碱性的金属氧化物,鉴于焚烧系统主体为钢铁结构,生产过程中未发现主体结构被腐蚀。

鉴别因子:pH。

(3)浸出毒性鉴别因子分析

鉴别依据:根据原辅料及污染物的迁移分析,飞灰中可能含有铜、钡、镍、锑、钴、汞、铬、硒、镉、铍、氟化物；污泥样品中检出了铜、钡、镍、锑、钴、汞，经高温燃烧之后，部分易挥发元素会以气态形式挥发，难挥发元素会吸附在烟气颗粒表面，经过布袋除尘器除尘而富集在飞灰中；初步检测结果中检出了总铬、钡、汞、无机氟化物。

鉴别因子：无机物 10 项，见表 4.3-7。

表 4.3-7　浸出毒性分析项目

序号	危害成分	浸出液中危害成分浓度限值(mg/L)	分析方法
无机元素及化合物			
1	汞	0.1	GB 5085.3 附录 B
2	总铬	15	GB 5085.3 附录 A、B、C、D
3	铜	100	GB 5085.3 附录 A、B、C、D
4	硒	1	GB 5085.3 附录 B、C、E
5	钡	100	GB 5085.3 附录 A、B、C、D
6	镍	5	GB 5085.3 附录 A、B、C、D
7	镉	1	GB 5085.3 附录 A、B、C、D
8	铍	0.02	GB 5085.3 附录 A、B、C、D
9	六价铬	5	GB/T 15555.4—1995
10	无机氟化物(不包括氟化钙)	100	GB 5085.3 附录 F

（4）毒性物质含量鉴别因子分析

鉴别依据：通过对企业原辅料和污染物迁移的分析，原辅料中可能含有铜、钡、镍、锑、钴、汞、钠、铝、铁、氯、硫、磷、钙、铬、硒、镉、铍、氟化物等，同时初次采样飞灰中检出了少量的总铬、钡、汞、无机氟化物。

鉴别因子：有毒物质 3 项，剧毒物质 4 项，致癌性物质 5 项，致突变性物质 2 项，具体见表 4.3-8。

表 4.3-8　毒性物质含量分析项目

序号	化学名	别名	分析方法
有毒物质			
1	氟化铝	三氟化铝	GB 5085.3 附录 F
2	氯化钡	二氯化钡	GB 5085.3 附录 A、B、C、D
3	五氧化二锑	五氧化锑	GB 5085.3 附录 A、B、3、D、E

续表

序号	化学名	别名	分析方法
剧毒物质			
4	氯化汞	氯化汞（Ⅱ）、二氯化汞	GB 5085.3 附录 B
5	氯化硒	一氯化硒	GB 5085.3 附录 B、C、E
6	氰化亚铜钠	氰化铜钠、紫铜盐	GB 5085.3 附录 G
7	硒化镉	—	GB 5085.3 附录 A、B、C、D
致癌性物质			
8	铬酸铬	铬酸铬（Ⅲ）	GB 5085.3 附录 A、B、C、D
9	次硫化镍	二硫化三镍	GB 5085.3 附录 A、B、C、D
10	铬酸镉	—	GB 5085.3 附录 A、B、C、D
11	硫酸钴	硫酸钴（Ⅱ）	GB 5085.3 附录 A、B、C、D
12	铍化合物（硅酸铝铍除外）	—	GB 5085.3 附录 A、B、C、D
致突变性物质			
13	氟化镉	二氟化镉	GB 5085.3 附录 A、B、C、D
14	铬酸钠	铬酸二钠盐	GB 5085.3 附录 A、B、C、D

（5）急性毒性初筛鉴别因子分析

鉴别依据：根据固体废物产生过程分析和所含主要污染物判断，本次鉴别固体废物基本可以正常接触皮肤，也不存在蒸气、烟雾或粉尘吸入造成的毒性，因此采用经口摄取后的口服毒性半数致死量 LD_{50}（小鼠经口）进行急性毒性初筛。

鉴别因子：口服毒性半数致死量 LD_{50}（小鼠经口）。

4.3.3.4　鉴别检测分析

（1）确定样品份样数

飞灰每月实际产生量约为 1 873.2 t，根据《危险废物鉴别技术规范》的有关要求，确定企业废水处理污泥的最小份样数为 100 个。

（2）采样方法

布袋除尘器收集的飞灰首先进入飞灰仓泵，经过高压吹扫通过飞灰输送管道将飞灰输送至特定的飞灰库，根据《危险废物鉴别技术规范》，应尽可能在卸料废物过程中采取样品，因此选择在飞灰输送管道的采样口取样，根据飞灰性状分别使用长铲式采样器、套筒式采样器或者探针进行采样。打开采样口后，清洁采样口，并适当排出废物后再采取样品。采样时采用布袋（桶）接住采样口，按所需份样量等时间间隔排放出废物。每接取一次废物,作为一个份样。

（3）采样过程

采样时间:样品的采集在一个月内完成,要求在生产工艺、布袋除尘设施运行正常的工作日进行。每次采样在设备稳定运行的 8 h(一个生产班次)等时间间隔完成,一共采集 100 个飞灰样品。

现场记录:现场配备 2 名采样技术人员,分别负责采样和记录、校核;编制单位对取样过程进行了不定期的现场监督,确认采样符合技术规范和鉴别方案要求;企业相关负责人全程参与了采样过程。

采样当月企业处于正常生产工况,污泥掺烧比维持在 8%～13%,烟囱排放的烟尘、氮氧化物和二氧化硫等各污染物达标。

（4）检测结果判断

本次样品鉴别中飞灰的超标份样数下限为 22 个(急性毒性初筛检测需测定 20 个样品,一旦出现超标情况,即对另 80 个样品复测),具体判断方案限值表见表 4.1-5。

根据鉴别结果分析,100 个飞灰样品中有 91 个样品的腐蚀性 pH、浸出毒性(总铬、铜、硒、钡、镍、镉、铍、汞、六价铬、无机氟化物)、毒性物质含量(氟化铝、氯化钡、五氧化二锑、氯化汞、氯化硒、氰化亚铜钠、硒化镉、铬酸铬、次硫酸镍、铬酸镉、硫酸钴、铍化合物、氟化镉、铬酸钠)和急性毒性初筛(LD$_{50}$)对照《危险废物鉴别标准》中的标准限值,均未超标;9 个样品超过了《危险废物鉴别标准 毒性物质含量鉴别》中的标准限值(表 4.3-9)。

表 4.3-9 本次鉴别结果分析汇总表

序号	固体废物种类	危险特性	检测结果	鉴别结果
1	飞灰	易燃性	—	不符合固态易燃性危险废物的鉴别条件,排除该固体废物具有易燃性
2		反应性	—	不符合反应性鉴别标准中的任何条件,排除该固体废物具有反应性
3		腐蚀性	100 个飞灰样品中,所有样品 pH 的检测结果均小于腐蚀性鉴别标准中的相应标准限值	不具有腐蚀性危险特性

续表

序号	固体废物种类	危险特性	检测结果	鉴别结果
4	飞灰	浸出毒性	100 个飞灰样品中,总铬、铜、硒、钡、镍、镉、铍、汞、六价铬、无机氟化物 10 个指标中每个样品浸出毒性检测结果均小于浸出毒性鉴别标准中的相应标准限值	不具有浸出毒性危险特性
5		毒性物质含量	100 个飞灰样品中,91 个样品的毒性物质含量及累加值均未达到毒性物质含量鉴别标准中的相应标准限值,9 个飞灰样品的毒性物质含量及累加值达到了毒性物质含量鉴别标准中的相应标准限值,但未超过超标份样数下限 22 个	不具有毒性物质含量相应危险特性
6		急性毒性初筛	20 个飞灰样品中,急性毒性初筛 LD_{50}(小鼠经口)含量均远大于标准限值 200 mg/kg 体重	不具有急性毒性危险特性

4.3.3.5　鉴别结论

根据《危险废物鉴别技术规范》的要求,份样数为 100 个的超标份样数下限为 22 个,本次超标份样数为 9 个,因此,根据现行危险废物鉴别标准体系可以判定,该热电公司掺烧污泥生物质固体燃料项目飞灰不具有危险特性。

第五章

涉固环境案件中污染物性质鉴定案例分析

目前各种环境污染问题持续发生,严重阻碍社会的发展,民众的工作、生活和身体健康也受到不同程度的影响[①]。相关司法解释文件的出台,大大提升了污染环境犯罪惩治力度,我国环境污染类刑事诉讼案件呈现爆发式增长并逐渐常态化,污染物性质的鉴定往往成为定罪量刑的关键,制约着环境行政执法、审判的顺利开展。基于对污染物性质鉴定的需求,本章简单描述了环境损害司法鉴定中污染物性质鉴定的目的与依据、工作流程、鉴定方法并分析总结涉固环境案件中污染物性质实务中的典型案例。

5.1 性质鉴定目的与依据

5.1.1 鉴定目的

污染物性质鉴定是随着我国环境行政执法和环境资源诉讼发展而逐渐形成的一项鉴定活动,作为环境损害司法鉴定的主要内容之一,主要包括危险废物鉴定、有毒物质鉴定以及污染物其他物理、化学等性质的鉴定。作为对环境污染或者生态破坏诉讼涉及的专门性问题进行鉴别和判断并提供鉴定意见的活动,污染物性质鉴定不仅决定着污染物的处置方式及处置费用,还关系到环境污染行为与损害之间的因果关系认定,决定了"污染环境罪""非法处置进口的固体废物

---

① 朱晋峰.环境损害司法鉴定客体考察及其完善——基于环境侵权诉讼的分析[J].中国司法鉴定,2021(3):88-94.

罪"等相关罪名是否成立,直接影响相关责任人的判罪量刑。因此,加快构建污染物的性质鉴定工作程序和技术标准对推动我国环境损害司法鉴定技术体系建设十分必要。

5.1.2　鉴定依据

(1)《巴塞尔公约》(1990 年,明确应加以控制的废物类别);

(2)《工业固体废物采样制样技术规范》(HJ/T 20—1998);

(3)《危险废物贮存污染控制标准》(GB 18597—2001,2013 年修订);

(4)《危险废物填埋污染控制标准》(GB 18598—2019);

(5)《化学品测试导则》(HJ/T 153—2004);

(6)《新化学物质危害评估导则》(HJ/T 154—2004);

(7)《固体废物鉴别标准　通则》(GB 34330—2017);

(8)《危险废物鉴别标准　通则》(GB 5085.7—2019);

(9)《危险废物鉴别技术规范》(HJ 298—2019);

(10)《中华人民共和国环境保护法》(2015 年 1 月 1 日起实施);

(11)《中华人民共和国刑法》(1997 年修订新增设"破坏环境资源保护罪",2011 年第 338 条将"重大环境污染事故罪"修改为"污染环境罪",将"危险废物"修改为"有害物质");

(12)《司法部 环境保护部关于规范环境损害司法鉴定管理工作的通知》(2015 年,提出污染物性质鉴定);

(13)《最高人民法院 最高人民检察院关于办理环境污染刑事案件适用法律若干问题的解释》(法释〔2016〕29 号);

(14)《最高人民法院、最高人民检察院、公安部、司法部、生态环境部关于办理环境污染刑事案件有关问题座谈会纪要》(2019 年 2 月 20 日);

(15)《中华人民共和国固体废物污染环境防治法》(2020 年 9 月 1 日起施行);

(16)《国家危险废物名录》(2021 年版)。

5.2　性质鉴定程序与内容

污染物性质鉴定程序是对污染物性质鉴定活动的委托、受理、实施、鉴定意见出具等各环节的一种流程性和规则性约束,其具有科学性、客观性、合法性,是影响相关证据证明能力的关键因素,决定了鉴定意见出具是否具有可信度。

5.2.1 溯源鉴定

前期准备:前期的准备包括收集相关生态环境政策、法规,污染物来源的资料收集,组织专业人员进行现场勘查,了解项目疑似固体废物的基础状态性质,并在一定了解的基础上利用互联网及文献资料库对相关危险特性进行调查分析。

危险废物名录鉴定:对已列入《名录》的,结合以下情形进行鉴别并出具危险废物初步认定意见。

① 对已确认废物产生单位,且产废单位环评中明确为危险废物的,根据产废单位环评报告和批复、验收意见、案件笔录等材料及有关文件规定进行鉴别并出具认定意见;

② 对已确认废物产生单位,但产废单位环评中未明确为危险废物的,组织进一步分析废物产生工艺,根据有关材料及规定进行鉴别并出具认定意见;

③ 对未确认废物产生单位的,生态环境部门应当商请公安机关提前介入,公安机关应当依法开展废物来源调查、犯罪嫌疑人控制、关键物证保全等工作。

利用混合原则和衍生原则判定:对危险废物与其他固体废物混合的,按照《危险废物鉴别标准 通则》进行鉴别。具有毒性(包括浸出毒性、急性毒性及其他毒性)和感染性等一种或一种以上危险特性的危险废物与其他固体废物混合,混合后的废物应当明确为危险废物;仅具有腐蚀性、易燃性或反应性的危险废物与其他固体废物混合,混合后的废物经鉴别具有腐蚀性、易燃性、反应性等一种或一种以上危险特性的,应当明确为危险废物。根据鉴别情况出具认定意见。

5.2.2 检测鉴定

对未列入《名录》的,按照以下程序开展委托鉴定工作:

① 固体废物属性鉴别。结合案件笔录、环评报告等材料,依据《固废法》《固体废物鉴标准 通则》等要求,对需界定的物质是否属于固体废物进行鉴别。经鉴别不属于《固废法》第八十八条、第八十九条规定的固体废物的,则不属于危险废物,无须进行鉴定。

② 根据检测结果鉴别。若判断需界定的物质属于固体废物的,对其产生的前端生产工艺进一步分析,包括原辅材料、工艺流程的罗列和梳理,并对照《名录》,若明确该固体废物并无对应项,仍可能存在潜在危险特性,需要进一步分析

鉴别。对样品进行定性预分析,分析出可以排除的危险特性,筛选出需要鉴别的危险特性,由此确定样品检测的指标,按照相关规范制定采样及检测方案,对样品的特性进行检测分析并出具检测报告。通过数据分析,比较结果和鉴别标准限值,判定鉴别对象是否具有危险特性,在此基础上编制污染物性质鉴定意见。具体工作流程如图 5.2-1 所示。

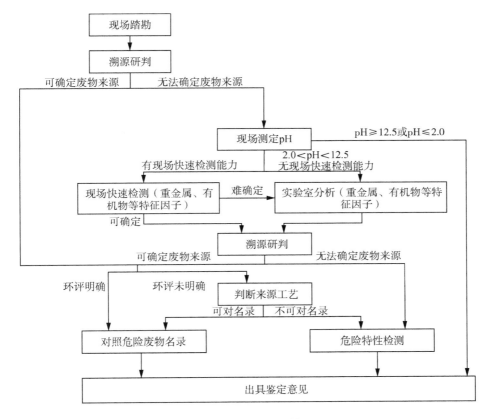

图 5.2-1　污染物性质鉴定基本流程图

5.3　性质鉴定工作方法

5.3.1　现场调查

现场踏勘是污染物性质鉴定的前期现场调查环节,其工作细致程度对案件性质的判定尤为重要。现场踏勘初步了解现场污染物来源及性质、污染物种类和数量、污染场地功能和大小、污染场地受污染范围和程度等信息,为下一步工作奠定基础。其基本目标是对调查对象现状污染物的实际情形进行对照和确认,提高后期司法评判工作效率。确定污染源具体位置、周边环境状况,测试得到环境监测数据。在保证安全及专业性的前提下,司法鉴定人员通过嗅觉对涉案废物和涉案现场的有特征气味的污染物进行快速初步判断。根据一些特征离子颜色对照《危险废物鉴别标准 毒性物质含量鉴别》(GB 5085.6—2007)附录对污染物进行快速初步判断。若现场不具有快速检测条件,采集典型样品进行实验室检测。

5.3.2 溯源研判

溯源研判是根据前期企业环评、现场调研、实验室监测数据等资料,针对不同来源的鉴定对象,确定各类鉴定对象法律规制范围,研究污染物性质鉴定程序、技术标准与方法并区分适用技术方法,以鉴定对象的物质组成及其危害特性为基础进行毒性分类分级,并设计得出一定的准确判定结论的过程。对于涉固环境污染物溯源研判过程,则应充分结合企业环评、《名录》、危险废物鉴别相关标准、《固体废物鉴别标准 通则》等判定规则、管理要求以及法律法规,厘清"有毒物质"和"有害物质"的界线,探明污染物实际成分,形成标准比较、名录比对、检测鉴别、损害后果、风险评估等一种或多种方式结合的鉴定方法路径。溯源研判主要从以下几个方面进行分析:

(1)可确定废物来源

根据《危险废物鉴别标准 通则》(GB 5085.7—2019)4.2条规定:"凡列入《国家危险废物名录》的固体废物,属于危险废物,不需要进行危险性鉴别。"根据这一规定,对于可追溯来源的污染物,可依其来源,即何种行业生产何种产品在何种工艺环节产生的废弃物,判断其是否属于《名录》所收录的危险废物。凡列入《名录》的,即可确认其属于危险废物,其危险特性依《名录》的记载而确定。"未列入《国家危险废物名录》,但不排除具有腐蚀性、毒性、易燃性、反应性的固体废物,依据《危险废物鉴别标准》GB 5085.1、GB 5085.2、GB 5085.3、GB 5085.4、GB 5085.5 和 GB 5085.6,以及 HJ 298 进行鉴别。凡具有腐蚀性、毒性、易燃性、反应性中一种或一种以上危险特性的固体废物,属于危险废物。"此类固体废物有源可溯,结合现有鉴定方法与标准,严格遵循性质鉴定的工作流程,完成委托受理、现场踏勘采样、溯源调查、结论判定等程序上的鉴定过程,准确鉴定其性质是"危险废物"还是"有毒物质"抑或是"有害物质"。

（2）无法确认废物来源

对于不可追溯来源的污染物,废物产生单位无法确定的,应现场快速测定pH、重金属及有机物等特征因子及抽取典型样品开展实验室特性检测,根据典型样品检测指标浓度判断来源、工艺,再结合名录（列表定义法）、超标比对、危险特性鉴别标准（危险特性鉴别法）以及专家判定等方法进行污染物性质判定,判断其是否属于危险废物或有毒有害物质①。对于此类固体废物及危险废物,虽部分废物已有鉴定技术标准,但仍需结合环境污染案件办理实践进行完善②。

5.4　溯源分析性质鉴定典型案例

产废单位环评文件中明确相关废物为危险废物的,根据产废单位建设项目环评文件和审批、验收意见、案件笔录等材料,可对照《名录》,列入《名录》的,如果来源和相应特征明确,可以直接依据《名录》认定其性质。

5.4.1　失去原有使用价值的废弃物

5.4.1.1　固体废物来源

2019 年,某市公安和环保部门进行例行检查时发现刘某父子在某食品腌制场内租借了部分空地,正在从事废旧金属回收和加工活动,现场堆放有大量的废包装桶及切割后产生的废包装桶盖、桶底。进一步调查发现,刘某回收的废包装桶盖和桶底是由潘某非法处置废包装桶产生的,部分废包装桶来源于某材料有限公司等 4 家企业。

5.4.1.2　鉴定分析

（1）固体废物属性判别

根据某市公安局提供的相关鉴定材料,本案中刘某、潘某非法处置的废包装桶内沾染的物质涉及某新型材料有限公司使用的原料酚醛树脂残余物,某材料

①　郎建,张卫东,李红卫,等.浅谈环境损害司法鉴定[J].中国司法鉴定,2016(2):24-30.
②　张成,原野,张琴,等.中国污染物性质鉴定技术体系现状及展望[J].环境污染与防治,2021,43(5):649-658.

有限公司使用的原料二苯基甲烷二异氰酸酯(MDI)残余物,以及某彩钢经营部、某物资经营部使用的原料黏合剂 A 和黏合剂 B 残余物。对照《固体废物鉴别标准 通则》(GB 34330—2017)中的有关规定,可以判定:本案中刘某、潘某非法处置的上述 4 家企业产生的沾染原料的废包装桶属于固体废物。

(2)危险特性鉴定

《名录》(2016 版)中规定"含有或沾染毒性、感染性危险废物的废弃包装物、容器、过滤吸附介质"属于危险废物,废物类别为"HW49 其他废物",废物代码为 900-041-49,危险特性为毒性或感染性(T/In)。本案中非法处置的上述 4 家企业产生的废包装桶内沾染的原料涉及酚醛树脂、二苯基甲烷二异氰酸酯(MDI)、黏合剂 A 和黏合剂 B,涉及的废包装桶的危险特性可通过上述原料废弃后的属性进行判别。

①《名录》(2016 版)中规定"未经使用而被所有人抛弃或者放弃的;淘汰、伪劣、过期、失效的;有关部门依法收缴以及接收的公众上交的危险化学品"属于危险废物,废物类别为"HW49 其他废物",废物代码为 900-999-49,危险特性为毒性(T)。由《危险化学品目录》(2015 版)可知,二苯基甲烷二异氰酸酯(MDI)、二苯基甲烷- 4,4′-二异氰酸酯(4,4′- MDI)均属于其中规定的危险化学品,CAS 号分别为 26447-40-5 和 101-68-8。

对照《危险化学品目录》(2015 版)和《名录》(2016 版)中的规定,可以判定:某材料有限公司所使用的原料二苯基甲烷二异氰酸酯(MDI)废弃后属于危险废物,废物类别为"HW49 其他废物",废物代码为 900-999-49,危险特性为毒性(T)。

②《名录》(2016 版)中规定:"废弃的黏合剂和密封剂"属于危险废物,废物类别为"HW13 有机树脂类废物",行业来源为"非特定行业",废物代码为 900-014-13,危险特性为毒性(T)。某新型材料有限公司生产过程中的原辅材料酚醛树脂是作为结合剂使用的,起到黏合的作用。

本案件涉及的部分废包装桶内沾染的原料为某彩钢经营部、某物资经营部所使用的原料黏合剂 A 和黏合剂 B。对照《名录》(2016 版)中的规定,可以判定:某新型材料有限公司所使用的原料酚醛树脂以及某彩钢经营部、某物资经营部所使用的原料黏合剂 A 和黏合剂 B 废弃后属于危险废物。

综上所述,可以判定:某材料有限公司产生的沾染二苯基甲烷二异氰酸酯(MDI)的废包装桶、某新型材料有限公司产生的沾染酚醛树脂的废包装桶以及某彩钢经营部、某物资经营部产生的沾染黏合剂 A 和黏合剂 B 的废包装桶均属于《名录》(2016 版)中规定的危险废物,废物类别为"HW49 其他废物",废物代码为 900-041-49,危险特性为毒性(T)。

5.4.1.3　鉴定意见

根据国家规定的危险废物鉴别标准和鉴别方法,结合样品检测结果分析和委托方提供的鉴定相关材料,可以判定:本案中刘某、潘某非法处置的来自某新型材料有限公司、某材料有限公司、某彩钢经营部、某物资经营部等 4 家公司的沾染上述原料的废包装桶均属于危险废物,废物类别为 HW49,废物代码为 900-041-49,危险特性为毒性(T)。

5.4.2　生产过程中的残余物

5.4.2.1　固体废物来源

2021 年,蔡某等人将来源于某船业有限公司总量约 1 900 t 的 58 车铝灰,先后在某省某市等地进行非法倾倒填埋,其中 6 车约 200 t 铝灰被倾倒填埋在某市某有限公司北侧的地块上。截至 2021 年 2 月 8 日,现场共清理出铝灰及混合物、渗滤液合计 600 余 t。

5.4.2.2　鉴定分析

(1) 固体废物属性判别

根据委托方提供的相关材料和本案件调查情况,对照《固体废物鉴别标准　通则》(GB 34330—2017)中的有关规定,可以判定,本案件中某市某省道交界处东北侧地块被非法填埋的铝灰属于固体废物。

(2) 危险特性鉴定

根据委托方提供的相关材料,结合鉴定机构人员现场查勘情况以及样品检测结果,可以判定本次涉案固体废物为铝灰。

对照《名录》(2021 年版)"HW48 有色金属采选和冶炼废物",铝冶炼过程中产生的危险废物包括:电解铝生产过程电解槽阴极内衬维修、更换产生的废渣(大修渣)(代码 321-023-48);电解铝铝液转移、精炼、合金化、铸造过程熔体表面产生的铝灰渣,以及回收铝过程产生的盐渣和二次铝灰(代码 321-024-48);电解铝生产过程产生的炭渣(代码 321-025-48);再生铝和铝材加工过程中,废铝及铝锭重熔、精炼、合金化、铸造熔体表面产生的铝灰渣,及其回收铝过程产生的盐渣和二次铝灰(代码 321-026-48);铝灰热回收铝过程烟气处理集(除)尘装置收集的粉尘,铝冶炼和再生过程烟气(包括:再生铝熔炼烟气、铝液熔体净化、除杂、合金化、铸造烟气)处理集(除)尘装置收集的粉尘(代码 321-034-48)。

《名录》(2021 年版)对铝冶炼过程中产生的铝灰类别进行了说明,类别中包括本案涉及的铝灰。因此通过《名录》(2021 年版)可以判定本案件涉及的铝灰属于危险废物。

《危险废物鉴别标准 通则》(GB 5085.7—2019)中第 3.2 节规定:危险废物是指列入国家危险废物名录或者根据国家规定的危险废物鉴别标准和鉴别方法认定的具有危险特性的固体废物。

5.4.2.3 鉴定意见

根据委托方提供的相关材料,结合鉴定机构人员现场查勘情况以及样品检测结果,对照《名录》(2021 年版),可以判定:本案中某市某省道交界处东北侧地块被非法填埋的铝灰(数量约 200 t)属于《名录》(2021 年版)中规定的危险废物,其废物类别为 HW48。

5.4.3 环境治理产生的废弃物

5.4.3.1 固体废物来源

2019 年 12 月,某市生态环境局接到群众举报,反映幼儿园南侧一院内堆放有大量固体废物。生态环境局执法人员对事发地进行了现场检查,发现该院内南侧堆放有约 1 000 个吨袋,吨袋内固体废物散发出异味,部分吨袋上标有活性炭、污泥及重量等信息。

5.4.3.2 鉴定分析

(1)固体废物属性判别

本事件涉及的物质为某化工有限公司生产过程中由废气、废水处理系统产生的废活性炭和污泥。根据污染物质性状和委托方提供的相关材料,对照《固体废物鉴别标准 通则》(GB 34330—2017)中的相关规定,可以判定:本事件涉及的废活性炭和污泥属于固体废物。

(2)危险特性鉴定

《某化工有限公司 1 250 kg/h 危险废物焚烧系统技改项目环境影响报告书》中明确,某化工有限公司生产过程中产生的废活性炭、污泥属于危险废物,废物类别为 HW12,废物代码为 264-012-12。

5.4.3.3　鉴定意见

根据国家规定的危险废物鉴别标准和鉴别方法以及环境损害鉴定评估相关标准和技术规范,并结合样品检测结果分析和委托方提供的相关资料,可以判定:本事件中幼儿园南侧一院内的来自某化工有限公司的固体废物(废活性炭和污泥,据当事人交代数量约 500 t)均属于《名录》(2016 版)中规定的危险废物,废物类别为"HW12 染料、涂料废物",废物代码为 264-012-12,危险特性为毒性(T)。

5.4.4　混合废弃物

《危险废物鉴别标准　通则》有如下规定:具有毒性、感染性中一种或两种危险特性的危险废物与其他物质混合,导致危险特性扩散到其他物质中,混合后的固体废物属于危险废物;具有毒性危险特性的危险废物利用过程产生的固体废物,经鉴别不再具有危险特性的,不属于危险废物。除国家有关法规、标准另有规定的外,具有毒性危险特性的危险废物处置后产生的固体废物,仍属于危险废物。

5.4.4.1　固体废物来源

2020 年,某药业股份有限公司在其厂区西北角进行基建施工,现场清挖出黑褐色物质,用 5 个吨袋包装后临时堆放在现场,散发出刺激性气味,吨袋旁地面上散落有泥土与不明物料的混合物,亦散发出刺激性气味。不明物料主要为黑色黏稠状固体物质、黄色固体物质等,并掺杂有少量包装袋、纸质桶配件等。当地生态环境局执法人员督促某药业股份有限公司对填埋物进行进一步清挖,共清挖出黑色黏稠状固体废物和受污染土壤约 300 t。本事件涉及的黑色黏稠状带刺激性气味的固体废物为某药业股份有限公司在生产过程中产生的精馏残渣和废活性炭等物质的混合物。

5.4.4.2　鉴定分析

(1)固体废物属性判别

对照上述《固体废物鉴别标准　通则》(GB 34330—2017)中的有关规定,可以判定:本事件涉及的黑色黏稠状带刺激性气味的物质属于固体废物。

（2）危险特性判别

①《名录》（1998 版）中规定："从医用药品的生产制作过程中产生的废物，包括兽药产品（不含中药类废物）：蒸馏及反应残余物；脱色过滤（包括载体）物"属于危险废物，编号为 HW02，废物类别为"医药废物"。

《名录》（2008 版）中规定："化学药品原料药生产过程中的蒸馏及反应残渣"和"化学药品原料药生产过程中的脱色过滤（包括载体）物"属于危险废物，废物类别为"HW02 医药废物"，行业来源为"化学药品原药制造"，废物代码分别为271-001-02 和 271-003-02，危险特性为毒性（T）。

《名录》（2016 版）中规定："化学合成原料药生产过程中产生的蒸馏及反应残余物"和"化学合成原料药生产过程中产生的废脱色过滤介质"属于危险废物，废物类别为"HW02 医药废物"，行业来源为"化学药品原料药制造"，废物代码分别为 271-001-02 和 271-003-02，危险特性为毒性（T）。

对照上述不同版本《名录》中的规定，可以判定：本事件涉及的蒸馏残渣和废活性炭属于《名录》中规定的危险废物，废物类别为"HW02 医药废物"，行业来源为"化学药品原料药制造"，废物代码分别为 271-001-02 和271-003-02，危险特性为毒性（T）。

②《危险废物鉴别标准 通则》（GB 5085.7—2019）第 3.2 条规定：危险废物是指列入国家危险废物名录或者根据国家规定的危险废物鉴别标准和鉴别方法认定的具有危险特性的固体废物。

《危险废物鉴别标准 通则》（GB 5085.7—2019）第 5.1 条规定：具有毒性、感染性中一种或两种危险特性的危险废物与其他物质混合，导致危险特性扩散到其他物质中，混合后的固体废物属于危险废物。

本次鉴定的对象为某药业股份有限公司于 2003—2004 年生产西咪替丁等产品过程中产生的蒸馏残渣、废活性炭与其他物质的混合物。

综上可以判定：本事件中某药业股份有限公司厂区西北角被清挖出的蒸馏残渣、废活性炭与其他物质的混合物属于危险废物。

5.4.4.3 鉴定意见

根据国家规定的危险废物鉴别标准和鉴别方法，结合鉴定机构人员现场查勘情况及委托方提供的相关鉴定材料，可以判定：本事件中某药业股份有限公司厂区西北角被填埋的蒸馏残渣和废活性炭属于《名录》（1998、2008、2016 版）中规定的危险废物。被清挖出的蒸馏残渣、废活性炭与其他物质的混合物属于危险废物。

5.5 检测分析性质鉴定典型案例

对固体废物产生单位、来源等无法确定的,应抽取典型样品进行检测,根据典型样品检测指标浓度,对照《危险废物鉴别标准》出具鉴定意见。

5.5.1 固态废物

5.5.1.1 固体废物来源

2020 年,某市生态环境局接到群众举报,反映幼儿园南侧一院内堆放有大量固体废物。生态环境局执法人员对事发地进行了现场检查,发现该院内南侧堆放有约 1 000 个吨袋,吨袋内固体废物散发出异味,部分吨袋上标有活性炭、污泥及重量等信息。该市某村北侧一建筑工地旁路边也堆放了大量固体废物。调查确认,该批固体废物为某化工有限公司产生的废活性炭、污泥等,据当事人交代数量约 500 t。

5.5.1.2 鉴定采样

（1）采样方案

对幼儿园南侧一院内被非法堆放的固体废物（当时估算数量接近 1 000 t）进行了代表性样品采集,共采集了 88 个代表性固体废物样品。对某村北侧一建筑工地旁路边被非法堆放的固体废物（现场估算数量小于 50 t）进行了代表性样品采集,共采集了 13 个代表性固体废物样品。

（2）检验方法

按照《危险废物鉴别标准 浸出毒性鉴别》（GB 5085.3—2007）、《危险废物鉴别标准 毒性物质含量鉴别》（GB 5085.6—2007）中规定的方法进行检测。

5.5.1.3 鉴定分析

（1）固体废物属性判别

本事件涉及的物质为某化工有限公司生产过程中由废气、废水处理系统产生的废活性炭和污泥。根据污染物质性状和委托方提供的相关材料,对照《固体废物鉴别标准 通则》（GB 34330—2017）中的相关规定,可以判定:本事件涉及的废活性炭和污泥属于固体废物。

（2）危险特性判别

①《危险废物鉴别标准 浸出毒性鉴别》（GB 5085.3—2007）规定：按照 HJ/T 299（指《固体废物 浸出毒性浸出方法 硫酸硝酸法》，下同）制备的固体废物浸出液中任何一种危害成分含量超过本标准表 1 中所列的浓度限值，则判定该固体废物是具有浸出毒性特征的危险废物。

根据样品检测结果可知：幼儿园南侧一院内采集的 88 个固体废物样品浸出液中检测出了氰化物、铜、三氯甲烷、甲苯、苯酚、硝基苯，其中 13 个样品浸出液中检测出的危害成分含量超过了《危险废物鉴别标准 浸出毒性鉴别》（GB 5085.3—2007）中"表 1 浸出毒性鉴别标准值"规定的浓度限值。从某村北侧一建筑工地旁路边采集的 13 个固体废物样品浸出液中检测出的硝基苯含量均超过了《危险废物鉴别标准 浸出毒性鉴别》（GB 5085.3—2007）中"表 1 浸出毒性鉴别标准值"规定的浓度限值。

②《危险废物鉴别技术规范》（HJ 298—2019）第 7.1 条规定：在对固体废物样品进行检测后，检测结果超过 GB 5085.1、GB 5085.2、GB 5085.3、GB 5085.4、GB 5085.5、GB 5085.6 中相应标准限值的份样数大于或者等于表 3 中的超标份样数限值，即可判定该固体废物具有该种危险特性。

根据样品检测结果可知：幼儿园南侧一院内采集的 88 个固体废物样品浸出液中，样品的超标份样数为 13 个，小于《危险废物鉴别技术规范》（HJ 298—2019）中"表 3 检测结果判断方案"中 80 个检测样品份样数的超标份样数限值（15 个）。从某村北侧一建筑工地旁路边采集的 13 个固体废物样品浸出液中检测出的硝基苯含量均超过了《危险废物鉴别标准 浸出毒性鉴别》（GB 5085.3—2007）中"表 1 浸出毒性鉴别标准值"规定的浓度限值，即样品的超标份样数为 13 个，大于《危险废物鉴别技术规范》（HJ 298—2019）中"表 3 检测结果判断方案"中 13 个检测样品份样数的超标份样数限值（4 个）。

因此，可以判定：本事件中某村北侧一建筑工地旁路边被非法堆放的固体废物具有浸出毒性危险特征。

5.5.1.4 鉴定意见

根据国家规定的危险废物鉴别标准和鉴别方法以及环境损害鉴定评估相关标准和技术规范，并结合样品检测结果分析和委托方提供的相关资料，可以判定：本事件中某市某幼儿园南侧一院内和某村北侧一建筑工地旁路边被非法堆放的来自某化工有限公司的固体废物(废活性炭和污泥,据当事人交代数量约500 t)属于具有毒性的危险废物。

5.5.2　半固态废物

5.5.2.1　固体废物来源

2018 年,某市生态环境局接到举报反映,有人在某县某镇某村原砖瓦厂内堆放大量装有疑似危险废物的化工桶。接到举报进行现场勘查后发现案发地东北侧废弃瓦房内存有一座金属储罐,储罐底部留有管口和阀门,拧开阀门后管口有黑色油状物质流出;西北侧废弃瓦房内存放有约 70 个蓝色、绿色化工桶。案发地南侧为简易板房,板房内存有一个装有黑色油状物质的白色塑料吨桶,在简易板房西侧露天堆放有约 15 个蓝色化工桶。

5.5.2.2　鉴定采样

(1)采样方案

按照《突发环境事件应急监测技术规范》(HJ 589—2010)、《工业固体废物采样制样技术规范》(HJ/T 20—1998)、《危险废物鉴别技术规范》(HJ/T 298—2007)等规范要求对案发地涉及的固体废物进行了 8 个代表性样品采集。

(2)检验方法

按照《危险废物鉴别标准 浸出毒性鉴别》(GB 5085.3—2007)、《危险废物鉴别标准 毒性物质含量鉴别》(GB 5085.6—2007)中规定的方法进行检测。

5.5.2.3　鉴定分析

(1)固体废物属性判别

根据污染物质性状及案件事实,可以判定:本案件涉及的某县某镇某村原砖瓦厂内堆存的金属储罐、白色吨桶、蓝(绿)色化工桶内的黑色油状物质属于固体废物。

(2)危险特性判别

①《危险废物鉴别标准 浸出毒性鉴别》(GB 5085.3—2007)规定:按照HJ/T 299 制备的固体废物浸出液中任何一种危害成分含量超过本标准表 1 中所列的浓度限值,则判定该固体废物是具有浸出毒性特征的危险废物。

根据检测结果可知,从案发地采集了 8 个代表性固体废物样品,其中 1♯、

5#、6#样品浸出液中的苯含量,1#～8#样品浸出液中的甲苯含量,1#～5#样品浸出液中的乙苯含量,1#～7#样品浸出液中的二甲苯含量均超过了《危险废物鉴别标准 浸出毒性鉴别》(GB 5085.3—2007)规定的浸出液中的危害成分浓度限值。因此,该 8 个代表性固体废物样品均为具有浸出毒性的危险废物。

②《危险废物鉴别标准 毒性物质含量鉴别》(GB 5085.6—2007)规定符合下列条件之一的固体废物是危险废物:"4.2 含有本标准附录 B 中的一种或一种以上有毒物质的总含量≥3%。"石油溶剂属于《危险废物鉴别标准 毒性物质含量鉴别》(GB 5085.6—2007)附录 B 中规定的有毒物质。

根据检测结果可知,从案发地采集的 8 个代表性固体废物样品中均检测出了石油溶剂,其中 4 个样品石油溶剂含量超过了《危险废物鉴别标准 毒性物质含量鉴别》(GB 5085.6—2007)中 4.2 规定的有毒物质的含量限值。因此,该 4 个代表性固体废物样品是具有毒性的危险废物。

③《危险废物鉴别技术规范》(HJ/T 298—2007)第 7.1 条规定:在对固体废物样品进行检测后,如果检测结果超过 GB 5085 中相应标准限值的份样数大于或者等于本规范表 3 中的超标份样数下限值,即可判定该固体废物具有该种危险特性。

从案发地采集的 8 个代表性固体废物样品浸出液中均检测出了甲苯、乙苯、二甲苯,3 个样品浸出液中的苯含量、8 个样品浸出液中的甲苯含量、5 个样品浸出液中的乙苯含量、7 个样品浸出液中的二甲苯含量超过了《危险废物鉴别标准 浸出毒性鉴别》(GB 5085.3—2007)规定的浸出液中的危害成分浓度限值。综上所述,样品的超标份样数为 8 个,大于《危险废物鉴别技术规范》(HJ/T 298—2007)中"表 3 分析结果判断方案"中 8 个检测样品份样数的超标份样数下限值(3 个)。

从案发地采集的 8 个代表性固体废物样品中均检测出了石油溶剂,其中 3 个样品石油溶剂含量超过了《危险废物鉴别标准 毒性物质含量鉴别》(GB 5085.6—2007)中 4.2 规定的有毒物质的含量限值,即样品的超标份样数为 3 个,等于《危险废物鉴别技术规范》(HJ/T 298—2007)中"表 3 分析结果判断方案"中 8 个检测样品份样数的超标份样数下限值(3 个)。因此,可以判定案发地堆存的固体废物具有浸出毒性、毒性的危险特性。

④《危险废物鉴别标准 通则》(GB 5085.7—2007)第 3.2 条"危险废物"规定:危险废物是指列入国家危险废物名录或者根据国家规定的危险废物鉴别标准和鉴别方法认定的具有腐蚀性、毒性、易燃性、反应性和感染性等一种或一种

以上危险特性,以及不排除具有以上危险特性的固体废物。

综上可以判定:本案件涉及的某市某县某镇某村原砖瓦厂内堆存的金属储罐、白色吨桶、蓝(绿)色化工桶内的黑色油状物质属于具有毒性的危险废物。

5.5.2.4　鉴定意见

根据国家规定的危险废物鉴别标准和鉴别方法,并结合样品检测分析结果,可以判定:本案件涉及的某市某县某镇某村原砖瓦厂内堆存的金属储罐、白色吨桶、蓝(绿)色化工桶内的黑色油状物质(估算重量在 5～25 t,具体重量以后续实际称重为准)属于具有毒性的危险废物。

5.5.3　液态废物

5.5.3.1　固体废物来源

2018 年,某县环境监察大队接到群众投诉,反映某省某市某县某镇工业园区某厂房内有人非法处置化工废料。根据现场情况,该厂房内进行的生产作业疑似为非法处置危险废物。厂房内的反应釜、成品罐、原料罐、立方桶,以及反应釜-成品罐连接管道、原料罐-反应釜连接管道、厂外北侧暗渠内均留存有废液。此外,厂区内冷却水池、反应釜下凹槽中暂存有废水,厂区东侧河道内河水疑似遭到污染。

5.5.3.2　鉴定采样

(1)采样方案

按照《突发环境事件应急监测技术规范》(HJ 589—2010)、《工业固体废物采样制样技术规范》(HJ/T 20—1998)等规范要求对非法堆放在某省某市某县某镇境内某厂房内的废液进行代表性样品采集。

(2)检验方法

甲苯、乙苯、二甲苯采用《水质　挥发性有机物的测定　吹扫捕集/气相色谱-质谱法》(HJ 639—2012),pH 采用《水质　pH 值的测定　玻璃电极法》(GB 6920—86)、《危险废物鉴别标准　浸出毒性鉴别》(GB 5085.3—2007)、《危险废物鉴别标准　易燃性鉴别》(GB 5085.4—2007)、《石油产品闪点测定法(闭口杯法)》(GB/T 261—83)中规定的方法进行检测。

5.5.3.3 鉴定分析

（1）固体废物属性判别

根据污染物质性状及案件事实可以判定，本次采样涉及的某厂房内的涉案废液属于固体废物。

（2）危险特性判别

①《危险废物鉴别标准 浸出毒性鉴别》（GB 5085.3—2007）规定：按照 HJ/T 299 制备的固体废物浸出液中任何一种危害成分含量超过本标准表 1 中所列的浓度限值，则判定该固体废物是具有浸出毒性特征的危险废物。

根据检测结果可知，从涉案场地内采集的 2♯、3♯、4♯ 代表性固体废物样品的甲苯、乙苯、二甲苯的浸出毒性均超过了《危险废物鉴别标准 浸出毒性鉴别》（GB 5085.3—2007）规定的浸出液中的危害成分浓度限值，则可判定从涉案场地内采集的 2♯、3♯、4♯ 代表性固体废物样品属于具有浸出毒性的危险废物。

②《危险废物鉴别标准 易燃性鉴别》（GB 5085.4—2007）规定：符合下列任何条件之一的固体废物，属于易燃性危险废物。"下列任何条件之一"包括"4.1 液态易燃性危险废物：闪点温度低于 60 ℃（闭杯试验）的液体、液体混合物或含有固体物质的液体"。

根据检测结果可知，2♯ 和 3♯ 代表性样品的闪点（闭口杯法）均低于 40 ℃。因此，从涉案现场采集的 2♯ 和 3♯ 代表性样品属于易燃性危险废物。

5.5.3.4 鉴定意见

根据国家规定的危险废物鉴别标准和鉴别方法并结合样品检测分析结果，可以判定：从涉案现场内采集的 2♯ 代表性样品（反应釜-成品罐连接管道内废液样品）、3♯ 代表性样品（原料罐-反应釜连接管道内废液样品）属于具有浸出毒性、易燃性的危险废物；4♯ 代表性样品（立方桶内废液样品）属于具有浸出毒性的危险废物。

5.5.4 混合固体废物

5.5.4.1 固体废物来源

2019 年，某县政府接到当时的中央环境保护督察组交办的信访问题后，立即组织相关部门工作人员对某镇工业集中区内的某铝塑再生有限公司展开调查。经现场调查,发现厂区院内东侧堆放大量工业废渣,库房内堆放有油泥状不明物。

5.5.4.2 鉴定采样

(1)采样方案

选取产品油储存油池和油罐、原料废油桶以及分离出来 10 t 左右的废渣与土壤混合物作为采样对象。现场采集了 3 个产品油样品、5 个原料废油样品以及 8 个废渣与土壤混合物样品。

(2)检验方法

按照《危险废物鉴别标准 浸出毒性鉴别》(GB 5085.3—2007)中规定的方法进行检测。

5.5.4.3 鉴定分析

(1)固体废物属性判别

根据污染物质性状及案件事实可以判定,本次采集的涉案混合废物属于固体废物。

(2)危险特性判别

①《危险废物鉴别标准 浸出毒性鉴别》(GB 5085.3—2007)第 3 条规定:按照 HJ/T 299 制备的固体废物浸出液中任何一种危害成分含量超过本标准表 1 中所列的浓度限值,则判定该固体废物是具有浸出毒性特征的危险废物。

厂区内产品油油池、产品油油罐和 1 号厂房油罐采集的 3 个产品油样品中有 3 个样品的甲苯、2 个样品的苯和苯酚检出浓度超过了标准限值;从 2 号厂房内原料桶采集的 5 个原料废油样品中有 5 个样品的苯酚检出浓度超过了标准限值。

②《危险废物鉴别技术规范》(HJ/T 298—2007)第 7.1 条规定:在对固体废物样品进行检测后,如果检测结果超过 GB 5085 中相应标准限制的份样数大于或者等于本规范表 3 中的超标份样数下限值,即可判定该固体废物具有该种危险特性。

结合抽样检测结果判定,本案中某铝塑再生有限公司厂区内存放的原料废油和产品油具有浸出毒性的危险特性。

③《危险废物鉴别标准 通则》(GB 5085.7—2007)第 3.2 条规定:危险废物

是指列入国家危险废物名录或者根据国家规定的危险废物鉴别标准和鉴别方法认定的具有腐蚀性、毒性、易燃性、反应性和感染性等一种或一种以上危险特性，以及不排除具有以上危险特性的固体废物。

综上所述，根据抽样检测结果并结合国家规定的危险废物鉴别标准和鉴别方法，可以判定某铝塑再生有限公司厂区内存放的原料废油和产品油是具有浸出毒性特性的危险废物。

④《危险废物鉴别标准 通则》(GB 5085.7—2007)第3.1条规定：固体废物是指在生产、生活和其他活动中产生的丧失原有利用价值或者虽未丧失利用价值但被抛弃或者放弃的固态、半固态和置于容器中的气态的物品、物质以及法律、行政法规规定纳入固体废物管理的物品、物质；第5.1条规定：具有毒性(包括浸出毒性、急性毒性及其他毒性)和感染性等一种或一种以上危险特性的危险废物与其他固体废物混合，混合后的废物属于危险废物。

结合本案污染行为及结果可知，该公司在非法处置其生产过程中产生的焦油状废渣时污染的土壤为丧失了原有利用价值的固体废物，在清理过程中受污染的土壤又与具有毒性的危险废物焦油状废渣混合在了一起。根据上述《危险废物鉴别标准 通则》的规定，本案涉及的清理出来的焦油状废渣与土壤混合物属于具有毒性的危险废物。

5.5.4.4 鉴定意见

本案涉及的某铝塑再生有限公司厂区内存放的本批次原料废油和产品油为具有浸出毒性的危险废物，涉及的清理出来的焦油状废渣与土壤混合物属于具有毒性的危险废物。

5.6 鉴定和鉴别的区别及联系

5.6.1 鉴定与鉴别的区别

5.6.1.1 委托方不同

鉴别主要指产废单位自行或委托第三方对其生产过程中产生的固体废物危险特性进行鉴别；性质鉴定一般由行政管理部门委托，对倾倒案件中的固体废物进行鉴定。

5.6.1.2　对象定性不同

鉴别是判断鉴别对象是否属于危险废物；鉴定一般是指对固体废物进行危险废物鉴定和有毒有害物质（不包括危险废物）鉴定，包括依据《危险废物鉴别标准 通则》中规定的程序，判断固体废物是否属于列入《名录》的危险废物；鉴别固体废物是否具有危险特性；以及根据物质来源认定待鉴定物质是否属于法律法规和标准规范规定的有毒有害物质，或根据文献资料、实验数据等判断待鉴定物质是否具有环境毒性。

5.6.1.3　工作开展程序不同

鉴别根据《危险废物鉴别标准 通则》要求确定鉴别程序。鉴别程序中，需经两次检测分析：初步采样检测分析和正式采样检测分析；经两次专家论证会，即鉴别方案专家论证会和鉴别报告专家论证会。而性质鉴定程序简化快速，可能仅涉及检测分析。

5.6.1.4　出具报告效力不同

鉴别报告不具有法律效力，而性质鉴定最终出具的司法鉴定意见书具有法律效力，对于案件的赔偿具有定性作用，并且是诉讼证据的一种，查证属实后可以作为定案依据。

5.6.2　鉴定与鉴别的联系

5.6.2.1　依据相同

危险特性鉴别和性质鉴定，都是按照《中华人民共和国固体废物污染环境防治法》、《危险废物鉴别标准 通则》(GB 5085.7—2019)、《危险废物鉴别标准 腐蚀性鉴别》(GB 5085.1—2007)、《危险废物鉴别标准 急性毒性初筛》(GB 5085.2—2007)、《危险废物鉴别标准 浸出毒性鉴别》(GB 5085.3—2007)、《危险废物鉴别标准 易燃性鉴别》(GB 5085.4—2007)、《危险废物鉴别标准 反应性鉴别》(GB 5085.5—2007)、《危险废物鉴别标准 毒性物质含量鉴别》(GB 5085.6—2007)等一系列标准、政策条例测试废物的性质，判别该废物是否属于危险废物。由于危险特性种类较多，从实用的角度通常主要鉴别废物的腐蚀性、可燃性、反应性、毒性、急性毒性这五种性质。固体废物只要具备一种或一种以上的危险特性就属于危险废物。

5.6.2.2 过程相同

固体废物种类繁多、性质复杂,固体废物鉴别和鉴定过程中综合运用环评及批复文件、《国家危险废物名录》及现场探勘、采样检测等多种手段方式,完成对废物进行取样、送样、测试、分析、处理、评价的完整过程。